本书获国家社科基金重大项目（21&ZD092）、国家自然科学基金（72161147001、72173114、71903172、72061147002）、教育部重大专项"构建中国农林经济管理学自主知识体系研究"（2024JZDZ063、2024JZDZ059）、教育部人文社会科学重点研究基地重大项目（22JJD790075）、CGIAR全球低碳食物系统重大科学项目（Mitigate+）、国家资助博士后研究人员计划C类（GZC20230390）、中央高校基本科研业务费项目（N2406017）、浙江大学中国农村发展研究院和浙江大学出版社支持。

Technological Progress and
Productivity Analysis in Agriculture
Impact and Adaptation of Meteorological Disasters

————

农业技术进步
与生产率研究

气象灾害的冲击与适应

张书睿　龚斌磊　著

ZHEJIANG UNIVERSITY PRESS
浙江大学出版社

图书在版编目（CIP）数据

农业技术进步与生产率研究：气象灾害的冲击与适应 / 张书睿，龚斌磊著. -- 杭州：浙江大学出版社，2025. 4. -- ISBN 978-7-308-26080-0

Ⅰ. S

中国国家版本馆 CIP 数据核字第 20254LX863 号

农业技术进步与生产率研究：气象灾害的冲击与适应

张书睿　龚斌磊　著

责任编辑	陈佩钰（yukin_chen@zju.edu.cn）
责任校对	许艺涛
封面设计	雷建军
出版发行	浙江大学出版社
	（杭州市天目山路 148 号　邮政编码 310007）
	（网址：http://www.zjupress.com）
排　　版	大千时代（杭州）文化传媒有限公司
印　　刷	浙江新华数码印务有限公司
开　　本	710mm×1000mm　1/16
印　　张	13
字　　数	240 千
版 印 次	2025 年 4 月第 1 版　2025 年 4 月第 1 次印刷
书　　号	ISBN 978-7-308-26080-0
定　　价	88.00 元

前　言

　　以全球变暖和极端天气事件增多为主要特征的气候变化正持续影响着自然系统与人类社会。中国是全球气候变化的敏感区,还是世界上受气象灾害影响最严重的国家之一,气象灾害呈现出发生频率高、影响范围广、致灾性强的特点。农业是国民经济的基础,也是最易受自然气候影响的经济部门。由于气候变化所引发的农业气象灾害发生的频率和强度明显增强,中国农业生产的不稳定性加剧,农业生产面临的外生风险加大。采取积极措施应对农业气象灾害的冲击一直是中国社会各界密切关注的领域,中央一号文件更是连续 19 年对气象为农服务作出部署。因此,农业气象灾害在农业生产领域不仅是一个环境问题,更是一个经济发展问题。在充分汲取自然科学营养的基础上,基于经济学视角研究农业气象灾害对中国农业生产的影响具有十分重要的理论价值与现实意义。

　　本书综合运用农业经济学、灾害经济学和气候变化经济学等相关学科理论知识,从理论和实证层面探究农业气象灾害对中国农业生产的影响。首先概述研究周期内中国农业生产的发展情况与农业受灾情况的变动趋势,进一步构建涵盖干旱、洪涝、热浪和冷害四种灾害的农业气象灾害强度综合指数,用以刻画中国农业气象灾害的发生强度。然后,利用 1981—2015 年中国县级农业和气候面板数据,通过固定面板模型、随机前沿生产函数模型与要素决定模型,实证考察农业气象灾害对中国农业产出的总体影响,并捕捉农业气象灾害在时间、空间与作物间的异质性,在此基础上甄别出农业气象灾害通过各投入要素和农业全要素生产率影响农业产出的内在作用机制。之后,使用动态面板模型与长期差异模型评估农业气象灾害影响下中国农业生产的适应性,讨论短期和中期不同投入要素与农作物在抵御农业气象灾害冲击时的调整能力,并估计长期适应性对短期影响的抵消情况。进一步,基于实证研究的估计系数并结合未来不同气候变化情景,预测全球变暖背景下未来中长期农业气象灾害对中国农业生产的影响。最后,以农业科技进步为主要推动力,从"减缓"、"适应"和"预测"三方面提出应对农业气象灾害的对策与建议,以期为中国农业可持续发展提供参考。

　　本书的主要研究结论有：(1)中国农作物受灾情况总体上呈反复波动的趋势，过半的受灾面积造成了实质性的减产，并表现出明显的区域性、周期性和灾种集中性的特征。(2)农业气象灾害对中国农业产出有显著的负向影响，农业气象灾害综合强度增加一个标准差会导致农业单位产值下降 7.79%。机制分析结果显示，农业气象灾害强度增加，会带来劳动、化肥两种投入要素的增加，但会减少农业机械的投入。农业气象灾害强度增加对农业全要素生产率也有着显著的负向影响。(3)农业气象灾害影响下中国农业生产的适应情况在各时期有所不同，不同农作物在抵御农业气象灾害冲击时的韧性存在差异。在短期和中期，劳动投入经历了先上升再下降的变动趋势，农业全要素生产率的负向影响明显减小。长期来看，面对农业气象灾害的冲击，农户在投入要素和全要素生产率两方面的适应能力对灾害的短期影响存在抵消作用，证实了农业生产存在长期适应性，尤其是反映出农业技术进步的重要贡献。(4)全球变暖背景下的未来预测结果显示，尽管气候适应正在发生，但无论是哪种预测方法和气候方案，全球变暖导致农业气象灾害强度增加，都将对中国农业生产力造成相当大的负面影响，在农业全要素生产率和各农作物单产的表现上同样如此。

　　和这一领域现有研究相比，本书在研究视角、方法与数据和研究内容等方面均有显著的特色和创新。首先，在研究视角上，农业气象灾害对农业生产的影响更可能的是多种气象灾害共同作用的结果，本书将重点放在评估农业气象灾害的综合影响，提升了对农业气象灾害的全局性思考。其次，在研究方法与数据上，本书利用外生的温度、降水等气候数据构建农业气象灾害强度指标体系，在数据选取上克服了使用农作物受灾面积等社会经济数据存在的内生性问题，极大地填补现有研究的不足，使用县级农业面板数据库还能够克服微观调研数据在样本量和地域选择的局限性。最后，在研究内容上，本书甄别出农业气象灾害通过各投入要素和农业全要素生产率影响农业产出的内在作用机制，并科学量化农业气象灾害的长期适应情况，得出了可靠的结论，为各经济主体加深理解农业气象灾害与农业生产要素之间的相互关系提供了新的证据。

目　录

1 引 言

1.1 研究背景

全球气候变暖仍在持续。联合国政府间气候变化专门委员会[①] (Intergovernmental Panel on Climate Change, IPCC)第六次评估报告(AR6)的系列报告显示：2011—2020 年全球地表温度比 1850—1900 年增加了 1.09℃,相比于第五次评估报告(AR5)估计中 2003—2012 年的全球地表温度增加了 0.19℃ (IPCC,2022)。中国是全球气候变化的敏感区,升温速率超过同期全球平均水平。1951—2021 年,中国地表年平均气温升温速率为 0.26℃/10 年,高于同期全球平均升温水平(0.15℃/10 年)(中国气象局气候变化中心,2022),2021 年和 2022 年是 1951 年以来平均气温最高的两个年份(中国气象局国家气候中心,2022)。

更为严峻的是,极端天气事件风险进一步加剧。联合国防灾减灾署[②] (United Nations Office for Disaster Risk Reduction, UNDRR)发布的《2000—2019 年灾害造成的人类损失》[③]报告显示,2000—2019 年,全球灾害事件总计 7348 起,其中与气候相关的灾害有 6681 起,气候灾害所占比重高达 91%,这证

---

① 联合国政府间气候变化专门委员会(IPCC)是联合国评估气候变化相关科学的机构,由联合国环境规划署(UN Environment)和世界气象组织(WMO)于 1988 年创建,共有 195 个成员国。IPCC 的主要职责是向政策制定者提供关于气候变化及其影响和未来潜在风险的定期科学评估,并提出适应和缓解方案。

② 联合国防灾减灾署(UNDRR)是联合国减少灾害风险的协调中心。UNDRR 将各国政府、合作伙伴和社区聚集在一起,减少灾害风险和损失,以确保一个更安全、更可持续的未来。

③ 资料来源:https://www.un-ilibrary.org/content/books/9789210054478.

实了气候相关灾害正在 21 世纪主导着全球灾害格局。在气象灾害类型方面,与 1980—1999 年相比,洪涝灾害发生的次数增加了 1 倍多,仍是最高频的气象灾害;干旱灾害发生次数提高了 29%,影响全球 14.3 亿人口;极端温度事件增加了 2 倍多,其中 91% 的极端温度死亡是由于热浪的影响。中国是世界上受气象灾害影响最严重的国家之一。联合国防灾减灾署统计显示,中国在 2000—2019 年共发生 577 起灾害事件,居世界首位。1961—2021 年,中国极端强降水事件呈增多趋势,20 世纪 90 年代后期以来,极端高温事件明显增多,中国气候风险指数呈升高趋势(中国气象局气候变化中心,2022)。2022 年中国区域性和阶段性干旱明显,暴雨过程频繁,平均高温日数和极端高温事件为历史最多,冷空气和寒潮过程均较常年偏多(中国气象局国家气候中心,2022)。可以看出,近年来极端天气气候事件呈现出发生频率高、影响范围广和致灾性强的特点。

农业是最易受自然气候影响的经济部门,其中学术界针对全球变暖对农业生产的影响已有诸多研究,大量学术成果表明全球变暖对农业生产的影响有利有弊,反映的是一种长期变化。然而,与全球变暖相比,极端天气气候事件对农业生产的制约作用显然更大,但当前聚焦于极端气象灾害的研究稍显不足。由于气候变化所引发的气象灾害给农业生态系统带来了多种风险,甚至已超出了自然和人类系统的承受能力,并造成了一些不可逆转的影响。越来越多的极端气候事件使数百万人面临严重的粮食危机和水源危机,而全球粮食安全问题和饮食多样性的减少共同加剧了营养不良状况,尤其是在非洲、亚洲、中南美洲等落后地区和低收入家庭(IPCC,2019)。近年来,中国农业气象灾害主要呈现以下基本特点:干旱灾害呈现"高频、重损、区域和时段异常"的特征;洪涝灾害呈现"低频和分散"的特征;高温热浪和低温冷害等极端温度事件呈现"多发、频发和重发"的特征。自 20 世纪 50 年代以来,中国年均遭受干旱的农作物面积增加了近 120%,洪水事件发生的频率也有所提升(MWR,2012)。以 2022 年的典型农业灾情为例,早稻生育期内,江南、华南部分产区遭遇强降水过程,灌浆成熟期出现"高温逼热"现象;晚稻生育期内,江西、湖南等地遭受伏秋旱,无灌溉条件的晚稻千粒重下降,影响最终产量(中国气象局国家气候中心,2022)。除了干旱、洪涝等单个农业气象灾害,复合型极端事件发生的概率和风险也不容忽视,尤其是高温干旱复合型极端事件对农业生产的负向叠加效应(余荣和翟盘茂,2021)。

面对日益复杂的气候变化形势,采取积极措施应对气候变化已成为全球共识,而减缓和适应则是应对气候变化的两条重要途径。根据国家部委 17 个部门联合印发的《国家适应气候变化战略 2035》①中给出的定义,"减缓是指通过能源、工业等经济系统和自然生态系统较长时间的调整,减少温室气体排放,增加碳汇,以稳定和降低大气温室气体浓度,减缓气候变化速率。在此过程中,已经发生的气候风险不会消除,潜在的气候风险仍在不断累积,甚至在全球实现碳达峰与碳中和后一定时期内仍将持续。适应是指通过加强自然生态系统和经济社会系统的风险识别与管理,采取调整措施,充分利用有利因素、防范不利因素,以减轻气候变化产生的不利影响和潜在风险"。在农业生产领域,推动农业气象工作以应对农业气象灾害风险、保障农业稳产增产,一直是中国各级政府和各部门密切关注的领域。中央一号文件已连续 19 年强调农业气象工作在乡村振兴中的重要作用,其中 2022 年中央一号文件②明确要求"加强中长期气候变化对农业影响研究",2023 年中央一号文件③进一步强调"要强化农业防灾减灾能力建设。研究开展新一轮农业气候资源普查和农业气候区划工作,优化完善农业气象观测设施站网布局,分区域、分灾种发布农业气象灾害信息"。另外,《气象高质量发展纲要(2022—2035 年)》④提出了"实施气象为农服务提质增效行动。加强农业生产气象服务,强化高光谱遥感等先进技术及相关设备在农情监测中的应用,提升粮食生产全过程气象灾害精细化预报能力和粮食产量预报能力",这为中国未来中长期农业气象事业发展提供了战略规划。

农业气象灾害不仅是一个环境问题,更是一个经济发展问题。由于气候变化所引发的农业气象灾害发生的频率和强度明显增强,使得中国农业生产的不稳定性加剧,农业生产面临的外生风险加大。经济学的本质在于通过经济学方法和工具探究社会经济主体如何有效配置稀缺性资源,以满足经济的可持续增长。虽然农业气象灾害对农业生产的制约作用已在气象学、农学和灾害学等学科展开了深入研究,但是如何在充分汲取自然科学营养的基础上,将农业气象灾害的科学测算方法引入经济学领域,从而增强研究结论在社会经济运行方面的解释力,这些问题还缺乏系统性思考。基于经济学视角,农业气象灾害对中国农业生产的影响程度和强度是怎样的,在不同时间、空间与作物间存在怎样的差异,如何甄别出农业气象灾害通过各投入要素和农业全要素生产率影响农业产出的内在作用机制,这些问题亟须通过定量研究进行补充。更重要的是,面对日

---

① 资料来源:http://www.gov.cn/zhengce/zhengceku/2022-06/14/content_5695555.htm.

② 资料来源:http://www.gov.cn/zhengce/2022-02/22/content_5675035.htm.

③ 资料来源:http://www.gov.cn/xinwen/2023-02/13/content_5741370.htm.

④ 资料来源:http://www.gov.cn/xinwen/2022-06/14/content_5695554.htm.

益复杂的气候变化形势,人类的应对行为和主观能动性至关重要。如何量化农业气象灾害影响下中国农业生产的适应能力,尤其是不同时间段农户在抵御农业气象灾害冲击时的调整能力,这些问题对指导农户优化防灾减灾机制、降低灾害风险有重大现实意义。最后,面对世界百年未有之大变局,未来中长期农业气象灾害对中国农业生产的影响如何,是否有进一步恶化的趋势,这些问题对制订未来农业发展规划有极大的战略价值。

综上所述,只有厘清并回答上述问题,才能在以极端天气气候事件频发为主要特征的气候变化背景下,抓紧抓好粮食和重要农产品稳产保供,守好"三农"基本盘,最终实现全面推进乡村振兴和加快建设农业强国的发展进程。基于此,本书在全面综述现有国内外研究的基础上,实证研究农业气象灾害对中国农业生产的影响;利用 1981—2015 年中国县级农业与气象面板数据,构建了农业气象灾害强度指数用以刻画中国农业气象灾害的发生强度,考察了农业气象灾害对中国农业产出的影响,量化了农业气象灾害影响下中国农业生产的适应能力,并预测了农业气象灾害对中国农业生产的未来影响。

1.2 重要概念界定

农业气象灾害指的是一旦发生便会对农作物的生长发育和产量有直接或间接不利影响的气象灾害。中国农业气象灾害的种类繁多,一般来说共有七大类灾害,涵盖了干旱、洪涝、高温热浪、低温冷害、干热风、热带气旋、冻灾、雪害、雷电、台风、连阴雨、浓雾等 20 余种类型(张继权等,2007)。在以上这些灾害中,对农业生产影响最为严重的农业气象灾害主要包括干旱、洪涝、低温冷害和高温热浪 4 种。

(1)干旱灾害:指的是由于长时间无降水或降水量显著低于平均水平时出现空气干燥和土壤有效水分减少的水文不平衡现象(杨志勇等,2011)。干旱灾害通常会给人民生活带来极大的不便,影响经济发展和社会稳定。按照影响对象的不同,干旱一般可分为农业干旱、水文干旱和气象干旱等;按灾害发生时间不同,可分成春旱和伏旱等。农业干旱使得农作物不能从土壤或空气中获取足够的水分,造成农作物生长发育受限甚至干枯死亡。总而言之,农业干旱最根本的致灾原因是农作物生长期降水异常偏少,最直接的致灾原因是土壤有效水分缺少,最终表现形式是对农作物生长产生的水分胁迫(袁文平等,2004;姚玉璧等,2007;胡容海等,2012;Hayashi et al.,2013)。

(2)洪涝灾害:指的是洪水灾害与涝渍灾害的总称。在农业生产中,洪水灾害是由于强降雨等原因引发的江河湖泊水位极速上涨、水量急剧增加,进而造成农作物减产或绝收的灾害。涝渍灾害是由于暴雨或长时间持续降雨使得农田排水不畅,低洼地区水位过高造成土壤含水量长时间大于田间持水量,土壤空隙水分过于饱和,进而影响农作物正常生长发育的灾害。按照形成原因,洪涝灾害一般可分成雨洪水、山洪水、湖泊洪水、融雪洪水、溃坝洪水、冰凌洪水和天文潮等类型;按照灾害发生时间,可分成春季融雪洪水和夏季暴雨洪水。由于洪水和涝渍两种灾害通常相伴或连续发生,极易形成复合型极端事件,因此统称为洪涝灾害(张养才等,1991;Hayashi et al.,2013;Lu et al.,2015;Falter et al.,2015;杨若子,2015)。

(3)低温冷害:在农业生产中,低温冷害指的是由于大范围或长时间的强冷空气活动使得温度过低,远低于农作物生长发育的适宜温度和所需热量,进而导致农作物生长发育受到抑制,最终造成农作物质量和产量同时下降甚至绝收的农业气象灾害。按照气候特征,低温冷害一般可分为湿冷型、晴冷型和持续低温型三种;按照对农作物危害程度,可分为延迟型、障碍型和混合型三种;按照灾害发生时间,可分成秋季低温冷害、春季低温冷害和东北夏季低温冷害等灾害类型(杨若子和周广胜,2012;刘升平,2012)。

(4)高温热浪:在农业生产中,高温热浪指的是由于持续时间内异常高温的天气过程,加剧了土壤水分蒸发和作物蒸腾作用,最终造成农作物减产甚至绝收的农业气象灾害(李双双等,2018;孙艺杰等,2020)。高温热浪的定义方式及识别方法目前尚未形成统一标准,按照高温阈值的设置方式,可分为绝对阈值法、相对阈值法和两种阈值混合识别方法(王文等,2021);按照昼夜变化,可使用日最高气温、日最低气温等气象变量定义白天或夜间高温热浪(吴锦成等,2022);按照计算方法的不同,可以分为每日高温阈值、高温日、热浪事件和热浪指数等类型(沈皓俊等,2018;卜凡蕊等,2021);按照炎热强度和持续特征,可分为弱高温热浪、中强高温热浪和强高温热浪(贾佳和胡泽勇,2017)。高温热浪往往和干旱同时发生,高温少雨同时出现时土壤失墒严重,加速灾情的发展,从而给农业生产带来更为严重的损失。

针对上述典型农业气象灾害,本书综合了灾害经济学与气候变化经济学领域的经典研究(Felbermayr et al.,2020;Zaveri et al.,2020),使用"天气异常"(weather anomalies)这一核心概念来刻画农业气象灾害。"天气异常"也称"气候偏差",是指某一特定地点某一时段的天气指标与该地区研究周期内长期平均值之间的偏差,基于统计分布规律来看,不常或极少发生的天气现象,通常可以作为极端气候或气象灾害强度的代理变量。

1.3 研究目标与意义

1.3.1 研究目标

本书综合运用农业生产经济学、灾害经济学和气候变化经济学等相关学科理论知识,从理论和实证层面探究农业气象灾害对中国农业生产的影响。具体有以下五个研究目标:

(1)灾害测度。概述研究周期内中国农业生产的发展情况与农业受灾情况的变动趋势,进一步构建涵盖干旱、洪涝、热浪和冷害四种灾害的农业气象灾害强度综合指数,用以刻画中国农业气象灾害的发生强度。

(2)机制梳理。利用1981—2015年中国县级农业和气候面板数据,实证考察农业气象灾害对中国农业产出的总体影响,并捕捉农业气象灾害在时间、空间与作物间的异质性,在此基础上甄别出农业气象灾害通过各投入要素和农业全要素生产率影响农业产出的内在作用机制。

(3)适应评估。量化农业气象灾害影响下中国农业生产的适应能力,讨论在短期和中期的不同投入要素与农作物在抵御农业气象灾害冲击时的调整能力,估计长期适应性对短期影响的抵消情况。

(4)未来预测。基于实证研究的估计系数并结合未来不同的气候变化情景,分别使用直接变暖场景模拟和未来排放模型方案两种方法预测农业气象灾害冲击下中国农业生产的未来影响。

(5)对策启示。根据主要研究结论,以农业科技进步为主要推动力,从"减缓""适应"和"预测"三方面提出应对农业气象灾害的对策与建议,以期为中国农业可持续发展提供参考。

1.3.2 研究意义

本书的研究意义在理论价值和现实意义两个方面。

理论价值在于:一方面,农业气象灾害对农业生产影响这一课题属于农学、气象学和经济学的交叉领域,但由于学科差异,不同领域的学者对这一问题的研究方法有所不同。本书基于经济学理性人假设,把农业生产的投入产出成本纳入考量,利用多年实际观测的气象数据和经济统计数据,同时考虑人类的行为反应,增强了研究结论在社会经济运行方面的解释力,从而有助于打破自然科学与社会科学的研究壁垒,促进学科交叉融合发展。另一方面,在经济学科内部,上述课题也得到了多个经济学研究领域学者的共同关注,本书基于新古典主义经济学理论框架,深入剖析农业气象灾害与农业生产之间的关系,从而在一定程度上扩展了农业经济学、灾害经济学与气候变化经济学等相关理论的研究边界,丰富了经济学领域内部的理论研究视角。

现实意义在于:第一,中国地域辽阔,气象灾害复杂多样,科学评估农业气象灾害对农业生产的影响,有助于政府部门对气象灾害的强度和影响进行全局性思考,并为针对不同行为对象制订适当的应对策略提供战略思考;第二,考察农业气象灾害的影响机制可以帮助相关部门和农户规避临时的盲目决策,有效调整农业种植结构,尽早做出应急联动方案,以最大限度降低经济损失;第三,科学合理的适应性评估将为建立灾害防控机制提供有力的理论依据;第四,基于不同气候变化情景预测未来农业气象灾害变化对中国农业生产的影响,能够为国家制订与农业发展相关的中长期战略规划提供有效的数据支撑。

1.4　研究内容与技术路线

1.4.1　研究内容

本书共分九章,每章的主要内容如下:

第1章,引言。首先,介绍研究背景,并对重要的概念进行界定。在此基础上提出本书研究目标,探讨理论价值与现实意义。其次,总结本书的研究内容与技术路线,并介绍论文主要使用的研究方法与数据来源。最后,提出本书的可能创新之处。

第2章,理论基础概述。梳理与本书实证研究密切相关的重要理论,主要包括农业生产经济理论与灾害经济理论,为后文的实证分析提供理论支持。在农业生产经济理论中,主要介绍了常见的农业生产函数以及后面实证章节采用的农业全要素生产率测算方法及随机前沿分析的相关内容。在灾害经济理论中,主要介绍了灾害经济的发生与发展规律以及灾害经济研究所遵循的基本原理。

第3章,研究框架与文献综述。一方面,在理论基础之上提出本书的经济学研究框架,为后文的研究提供逻辑框架支持;另一方面,主要从自然灾害与经济发展的关系、农业气象灾害的测度、气象灾害对农业生产的影响以及气象灾害的适应性四方面,系统回顾了国内外学术界关于农业气象灾害对农业生产影响的相关研究,并进行文献总结评述。

第 4 章,研究周期内中国农业生产特征分析。首先,梳理改革开放后中国农业政策改革的历史进程,并划分出研究周期内我国农业生产的五个发展阶段。其次,从农业产出角度概述研究周期内中国农业产出的总体情况及主要农作物的产量变化情况。最后,从农业投入角度概述研究周期内中国农业各投入要素的总体情况、主要农作物的播种面积变化以及我国农田水利建设情况。

第 5 章,气象灾害特征分析与强度刻画。本章为核心章节,为后文的实证研究提供核心解释变量。一方面,在介绍气候变化变动趋势和中国应对气候变化政策演进的基础上,总结了中国农业气象灾害的基本特征;另一方面,构建干旱、洪涝、热浪和冷害四种灾害的灾害强度指数,在此基础上形成农业气象灾害强度综合指数。

第 6 章,农业气象灾害对中国农业生产的影响与机制分析。本章为核心章节,是实证分析的主体部分。首先,构建研究框架分析农业气象灾害对农业生产的影响机制,并提出有待实证验证的研究假说。其次,将固定面板模型、随机前沿生产函数模型以及投入要素与生产率决定模型引入实证研究。最后,考察农业气象灾害对中国农业产出的影响及其作用机制,并基于灾害类型、时间变动、作物类别以及区域差异等维度提供异质性分析结果。

第 7 章,农业气象灾害影响下中国农业生产的适应性评估。本章为核心章节,是实证分析的主体部分。首先,展示了面对农业气象灾害时农业生产在各时间阶段适应机制的分析框架。其次,将动态面板模型与长期差异模型引入实证研究。最后,从短期应对、中期调整与长期适应三个阶段评估中国农业生产对农业气象灾害的适应性,讨论不同投入要素与农作物在抵御农业气象灾害冲击时的调整能力,量化长期适应性对短期影响的抵消情况。

第 8 章,农业气象灾害对中国农业生产的未来影响预测。本章为核心章节,是实证分析的扩展研究。首先,构建农业气象灾害影响农业生产的未来预测机制分析框架。其次,将气象学预测中所需的未来气候方案与气候模型引入扩展研究。最后,分别基于直接变暖场景模拟和基于未来排放模型方案两方面量化农业气象灾害冲击下中国农业生产的未来影响。

第 9 章,结论与启示。首先,总结了本书的主要研究结论。其次,针对研究结果提出应对农业气象灾害的对策与建议。最后,指出了本书现有的研究不足,并展望了未来的研究方向。

1.4.2 技术路线

基于上述研究内容,本书的研究技术路线图见图 1.1。

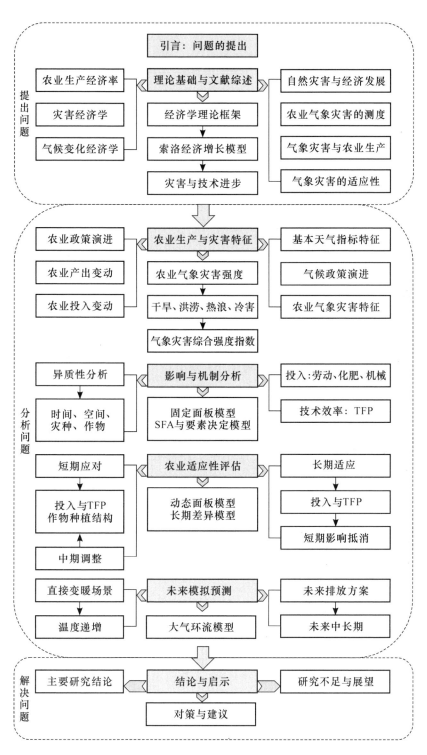

图 1.1 本书的研究技术路线

1.5 研究方法与数据

1.5.1 研究方法

本书总体上采用定性与定量分析相结合的方法，考察农业气象灾害对中国农业生产的影响。主要研究方法如下：

（1）文献分析与归纳方法。本书通过中国知网、Web of Science 等国内外文献检索平台，查阅近年来在经济学、气象学和农学等领域关于农业气象灾害对农业生产影响的相关学术文献，整理和归纳现有文献的研究成果，从自然灾害与经济发展的关系、气象灾害的测度、气象灾害对农业生产的影响以及气象灾害的适应性四方面提炼现有研究存在的不足，并对相关学术观点进行总结评述，为后续实证分析提供理论支撑。

（2）数理统计分析方法。为了更准确地刻画中国气候变化特征，本书使用气候统计学中线性倾向估计法等数理统计方法分析研究周期内中国温度和降水的变化趋势。进一步，在概述研究周期内中国农业生产的发展情况与农业受灾情况的变动趋势时，采用统计图示的方法更为直观地反映出研究对象的发展现状，为后续实证分析提供数据支撑。

（3）计量经济学方法。本书在实证部分根据不同的研究内容采用不同的计量模型进行分析。其中，通过固定面板模型、随机前沿生产函数模型以及投入要素与生产率决定模型考察农业气象灾害对中国农业产出的影响及其作用机制，通过动态面板模型与长期差异模型量化农业气象灾害影响下中国农业生产的适应情况，通过气象学预测模型考察全球变暖背景下农业气象灾害对中国农业生产的未来影响。

1.5.2 数据来源

本书构建的是 1981—2015 年中国大陆 2495 个县的非平衡县级农业和气候面板数据集。实证部分的数据来源主要包括三部分：农业数据库、气象数据库和气候未来预测数据库。

(1)农业数据基于原农业部县级农作物数据库①。该数据库初始来源为原农业部种植业管理司的中国种植业信息网县级农作物数据库,共收集了 1981—2015 年各县的农业产出、各农业投入要素和主要农作物产量等农业生产相关数据,是目前持续时间最长的农业县级数据库之一,被广泛应用于中国农业生产的相关研究中。

(2)气象数据来源于中国气象数据网②。该网站是中国气象局面向国内和全球用户开放气象数据资源的权威的、统一的共享服务平台。具体数据集为该平台发布的中国地面气候资料日值数据集,该数据集每天记录中国 820 个气象站的天气信息,包括最低气温、最高气温、平均气温、降水、相对湿度、风速和日照时数等气象数据。原始气象数据为各观测点的日度数据,本书使用逆距离加权方法(Inverse Distance Weighted,IDW)匹配了农业数据集中 2495 个县的天气数据,该方法广泛应用于现有研究中,具体步骤为:对于每个县,以距离平方反比为权重,对该县中心一定半径内的所有气象站进行加权平均。本书选择 100 公里作为阈值半径,进而将不同气象站的天气数据匹配到每一个县,最终得到 1981—2015 年中国大陆 2495 个县的非平衡县级农业和气候面板数据集。

(3)气候未来预测数据来自 WorldClim(全球气候与天气)数据库③。该数据库具有高空间分辨率,可用于测绘和空间建模。WorldClim 数据库基于不同气候模型和不同未来气候变化方案提供的气候变量包括中期(2050 年,2041—2060 年的平均值)和长期(2080 年,2071—2090 年的平均值)的月平均最高、最低温度和月总降雨量。这些数据以不同的空间分辨率(以经纬度的分或秒)表示,本书使用 2.5 min(经纬度)空间分辨率(赤道约 4.5 km)的预测数据,并选择 RCP 2.6 和 RCP 8.5 两种极端未来排放情景,以及 HadGEM2-ES 和 NorESM1-M 两种代表性气候模型进行分析。

1.6　可能的创新之处

和这一领域现有研究相比,本书在研究视角、研究方法与数据及研究内容方

---

① 该数据库初始来源为 http://zzys.agri.gov.cn/nongqingxm.aspx(该数据库的下载渠道已关闭),具体所需变量和数据由笔者整理所得。

② 该数据库初始来源为 http://data.cma.cn,具体所需变量和数据由笔者整理所得。

③ 该数据库初始来源为 http://www.worldclim,具体所需变量和数据由笔者整理所得。

面均有显著的特色和创新。具体体现在以下三个方面：

（1）在研究视角上，对气象灾害和农业生产的研究更加全面。基于气候变化经济学视角，大部分现有研究通过构造有效积温等温度变量来测度气候变化尤其是全球变暖对农业生产的影响，这反映的是一种长期温和的连续变化，少有研究将气候变化对农业生产的影响上升到气象灾害强度，并考虑极端温度或异常降水的冲击。基于灾害经济学视角，现有研究主要着眼于某一类灾害或某一次重大灾害事件，缺乏对气象灾害的全局性思考。农业气象灾害对农业生产的影响是复杂的，农作物生长过程中不单是受一种灾害或一次灾害事件的影响，更可能是多种气象灾害共同作用的结果。本书则将重点放在评估农业气象灾害的综合影响上，通过构建农业气象灾害综合强度指数，全面考察农业气象灾害对中国农业生产的整体影响。

（2）在研究方法与数据上，对农业气象灾害强度的核算更加科学。现有研究大多使用面积法构造灾害强度指数，即收集农作物受灾面积、成灾面积、绝收面积等经济社会数据，计算成灾率等指标，进而估算灾害经济损失并作为灾害强度的衡量指标。然而，这种方法无法完全排除社会经济因素的影响，存在较大的内生性问题。本书利用外生的温度、降水等气候数据构建农业气象灾害强度指标体系，在数据选取上可以极大地填补现有研究的不足，其结论具有代表性和普遍意义。此外，大多数适应性研究使用的是样本量较为有限的微观调研数据，这虽然可以直观反映农户的个人特质和适应性行为选择，但在生产端很难捕捉到作物种植结构变化以及农业生产的边际影响。使用县级农业面板数据库能够有效克服微观调研数据在样本量和地域选择上的局限性。

（3）在研究内容上，对影响机制的分析与适应性评估弥补了当前研究的不足。从经济学角度，农业气象灾害对农业生产的影响显然不止于产量的变化，还在于对影响机制与适应能力的探讨。新古典经济增长理论认为经济增长取决于投入要素数量以及全要素生产率的变化。农业气象灾害对农业生产的影响显然不止于某一种或几种投入要素数量的增减，还在于农业生产效率的变化以及潜在的要素替代。本书通过分解农业气象灾害对农业生产的影响渠道有力弥补了当前研究的不足，为各经济主体加深对农业气象灾害与农业生产要素之间相互关系的理解提供了新的证据。

2　理论基础概述

本章为理论基础概述章节。本章内容安排如下:2.1 小节介绍了农业生产经济理论,主要包括常见的农业生产函数以及后面实证章节采用的农业全要素生产率测算方法及随机前沿分析的相关理论知识。2.2 小节介绍了灾害经济理论,主要包括灾害经济的发生与发展规律以及灾害经济研究所遵循的基本原理。2.3 小节为本章小结。

2.1　农业生产经济理论

农业生产经济学是农业经济学学科中的一个重要分支,它涉及在生产方式和资源使用方面的选择,以便在有限的资源框架内优化农场经营者、农户、社会或国家的目标功能,其核心目标是选择最合适的方案组合,使收益最大化或成本最小化。为了在个体农场层面优化农业资源的使用,以及从国家的角度合理利用农业资源,农业生产经济学理论涉及对理性决策的关系和原则的分析,主要有两大类决策:一是如何组织资源以使单一农作物的生产最大化,即在各种不同的资源使用方式中做出选择;二是怎样组合不同的农业生产资源才能最大限度地实现农户、农场主或国家的目标。基于此,农业生产经济学理论的研究目标主要体现在两个方面:一是指导个别农民如何最有效地使用农业资源;二是从消费经济的角度促进资源的最有效利用,以满足收益最大化或成本最小化目标。

2.1.1　常见的农业生产函数

农业生产经济学理论通常构建生产函数来反映农业生产活动中各要素之间的关系。生产函数描述了特定产品在一定技术水平和一定时间内依赖于投入数量或投入服务的方式和程度,也就是说,一种特定商品的产出水平取决于其生产投入的数量。在农业生产函数中,按照投入要素的替代弹性,常用的有柯布-道格拉斯(C-D)生产函数(Cobb and Douglas,1928)、超越对数(T-L)生产函数(Christensen et al.,1973)和常替代弹性(CES)生产函数(Arrow et al.,1961),其中在农业经济学中应用最广泛的生产函数形式是柯布-道格拉斯(C-D)生产函数。C-D 生产函数需要遵循固定替代弹性和规模报酬均为 1 的假设,变量的经济意义明确,实际操作简便且需要估计的参数较少,可以有效避免复杂形式带来的多重共线性问题。

(1)柯布-道格拉斯(C-D)生产函数

数学家查理·柯布(C. W. Cobb)和经济学家保罗·道格拉斯(P. H. Douglas)在 20 世纪初提出生产函数并利用 1899—1922 年历史资料,研究美国的资本投入(K)和劳动投入(L)对产量(Y)的影响,导出一种生产函数,即著名的 Cobb-Douglas 生产函数模型,简称 C-D 模型。

$$Y = AK^{\alpha}L^{\beta} \quad (\alpha + \beta = 1) \tag{2.1}$$

其中, A 是常数项, α、β 分别是资本投入(K)和劳动投入(L)的生产弹性,通常假定 $\alpha + \beta = 1$ 。

上式表示在一定的生产技术条件下,产出量取决于资本和劳动的投入量,以及资本和劳动的生产弹性。由于技术水平随着时代的发展在不断提高,公式中 A 值变化与时间有关。C-D 生产函数在 1957 年由索洛(Solow)改进成为体现技术进步的生产函数:

$$Y = A(t)K^{\alpha}L^{\beta} = A_0 e^{\delta t} K^{\alpha} L^{\beta} \tag{2.2}$$

式中, δ 表示测定时期内技术进步的年平均变动率,它的经济含义为:靠技术进步使每一年的生产量比上一年增长的百分比。

在农业生产函数中,由于土地成为基本的农业生产资料,资金投入特征也与工业生产有着显著的不同,所以农业生产函数通常表现为:

$$Y = A_0 e^{\delta t} X_1^{\alpha_1} X_2^{\alpha_2} \cdots X_n^{\alpha_n} \tag{2.3}$$

式中, X_i 分别为土地、劳动力、肥料等要素投入, $\sum \alpha_i$ 不一定为 1,也可以大于 1 或小于 1。

如果农业产出增长率为 Y',则技术进步对农业产出增长的贡献率:

$$TP = \frac{\delta}{Y'} \times 100\% \tag{2.4}$$

C-D 生产函数的经济含义明确且操作简便,是实际中比较常用的测算农业技术进步的模型。此外,C-D 生产函数需要估计的参数较少,可以有效避免参数过多带来的共线性问题。然而,C-D 生产函数需要遵循技术进步中性、规模报酬不变等严格假设,这可能与农业实际生产情况不符,因此产生较大的估计误差。

（2）常替代弹性（CES）生产函数

常替代弹性（Constant Elasticity of Substitution，简称 CES）生产函数是一种新古典主义生产函数，表现出恒定的替代弹性。换言之，由于边际技术替代率的百分比变化，生产技术在要素（如劳动力和资本）比例上具有恒定的百分比变化，由 Arrow 等人（Arrow、Chenery、Minhas、Solow）在 1961 年提出。包含时间变量 t 的 CES 生产函数的一般形式如下：

$$Y = A_0 \mathrm{e}^{\overset{\alpha}{\alpha}} \left[\alpha K^\rho + (1 - \alpha) L^\rho \right]^{\frac{v}{\rho}} \tag{2.5}$$

式中共有三种参数，α 为分配参数，$0 < \alpha < 1$；ρ 为替代参数，替代弹性 $\sigma = 1/(1 + \rho)$ 为常数；v 为规模报酬参数，$v = 1$ 为规模报酬不变，$v < 1$ 为规模报酬递减，$v > 1$ 为规模报酬递增。

顾名思义，CES 生产函数在资本和劳动力之间表现出恒定的替代弹性。里昂惕夫（Leontief）函数、线性函数和柯布-道格拉斯（C-D）函数是 CES 生产函数的特殊情况。具体为：如果替代参数 ρ 趋近于 0，可得到 C-D 生产函数；如果 ρ 趋近于 1，可得到线性或完全替代函数；如果 ρ 趋近于负无穷，可得到里昂惕夫或完全互补函数。

与 C-D 生产函数相比，CES 函数允许要素的替代或互补，并放松了规模报酬不变的假设，具有更广泛的适用范围和适用性。然而，CES 生产函数依然只考虑两个投入要素，虽然它可以扩展到两个以上的投入要素，但是在数学上处理起来非常困难和复杂。此外，在估计 CES 生产函数的参数时，还会遇到大量的问题，如外生变量的选择、估计过程和多重共线性问题。

（3）超越对数（T-L）生产函数

超越对数（Transcendental Logarithmic，简称 translog 或 T-L）生产函数是由 Christensen 等人（Christensen、Jorgenson、Lau）在 1973 年提出的，是一种可变替代弹性的生产函数，可以较好地研究生产函数中投入的相互影响、各种投入技术进步的差异，以及技术进步随时间的变化等。在考虑两种投入要素——资本投入（K）和劳动投入（L）的情况下，对数化处理后的超越对数函数形式如下：

$$\ln Y = \ln A + v\alpha \ln K + v(1 - \alpha) \ln L - \frac{1}{2} v\rho\alpha (1 - \alpha)(\ln K - \ln L)^2 \tag{2.6}$$

$$\ln Y = a_0 + a_K \ln K + a_L \ln L + \frac{1}{2} a_{KK} (\ln K)^2 + \frac{1}{2} a_{LL} (\ln L)^2 + a_{KL} \ln K \cdot \ln L \tag{2.7}$$

式中，a_K、a_L、a_{KK}、a_{LL}、a_{KL} 为待估计参数。为了直接反映全要素生产率增长率的变化，包含时间变量 t 的双要素 T-L 生产函数的一般形式如下：

$$\ln Y = a_0 + a_K \ln K + a_L \ln L + \frac{1}{2} a_{KK} (\ln K)^2 + \frac{1}{2} a_{LL} (\ln L)^2 + a_{KL} \ln K \cdot \ln L +$$

$$a_t \cdot t + a_{Kt} \ln K \cdot t + a_{Lt} \ln L \cdot t + \frac{1}{2} a_{tt} t^2 \tag{2.8}$$

进一步，还可以考虑加入材料投入（M）后三种投入要素的情况：

$$\ln Y = a_0 + a_K \ln K + a_L \ln L + a_M \ln M + \frac{1}{2} a_{KK} (\ln K)^2 + \frac{1}{2} a_{LL} (\ln L)^2 +$$

$$\frac{1}{2} a_{MM} (\ln M)^2 + a_{KL} \ln K \cdot \ln L + a_{KM} \ln K \cdot \ln M + a_{LM} \ln L \cdot \ln M \tag{2.9}$$

与 C-D 函数和 CES 函数相比，T-L 生产函数放松了固定替代弹性的假设，具有易估计和包容性强的特性。由于 T-L 生产函数的参数是线性的，这意味着如果要素是外生的，就可以使用普通最小二乘法进行估计，因此在实际研究中应用广泛。然而，T-L 生产函数也存在估计参数较多和多重共线性等问题，在实证中需要根据实际生产情况合理选用。

2.1.2 农业全要素生产率测算

农业的生产效率包含两个成分：技术效率 TE（Technical Efficiency），即反映农户由给定投入集获得最大产出的能力；配置效率 AE（Allocative Efficiency），即反映农户在分别给定的价格和生产技术下以最优比例利用投入的能力。这两方面的测量构成为总的经济效率 EE（Economic Efficiency）的测量。此外，一个农户可能既是技术有效又是配置有效的，但其运营规模却不是最优的，因此还存在规模效率 SE（Scale Efficiency）。技术效率衡量的是在固定要素投入下实际生产达到最大产出的程度，或者在固定产出条件下实现最小要素投入的程度。而生产率衡量的是生产过程中产出与投入的比率，按照投入要素的数量不同，可分为单要素生产率、多要素生产率或全要素生产率。

衡量农业技术进步在经济增长中的作用这一思想，早在古典经济学萌芽之时就已初见端倪。然而，由于缺乏有效的技术手段，直到 20 世纪 50 年代，学界才开始探索技术进步率的量化方法。近年来，技术进步测算的主流量化方式是使用全要素生产率（TFP）的概念。与单要素生产率侧重于劳动、土地、资本等相比，全要素生产率衡量的是一种综合要素的生产率，换言之，全要素增长率指的是除了由要素投入引起的增长之外，其他所有使总产值增长的部分。实现全要素生产率的测算，首先要明确技术进步的经济学含义。根据经济增长理论，技术进步中的"技术"，即新古典经济学厂商理论中的 technology 的概念，是基于生产可能性前沿而定义的。生产可能性前沿（Production Possibility Frontier，

PPF)是一条曲线,用来说明如果两种产品的生产都依赖于相同的有限资源,那么两种产品可能生产的数量,即在给定技术和投入条件下所能达到的最大产出关系。由于现实世界中真实的生产前沿不可知,只能通过对不同时期引起产出观测值变动的来源进行假定,进而对生产前沿进行推断。

图 2.1 反映了某农户在两个时期内的生产变化过程。设有时间变量 T 的生产函数为 $Y = f(X,t)$。其中,Y 表示产出量,X 表示各种投入的组合,且投入不随时间变化而变化。根据生产者理论,通过比较实际产出与最优产出之间的差距可以反映该农户的生产效率。

在 t 时期,A 点处在生产边界 $f_0(X,t)$ 之下,说明此时该农户处于技术无效率状态,而该要素组合上的最优产出为当期边界上 A' 点所对应的 $Y_{A'}$ 点,A' 点处于技术完全有效状态,AA' 的距离反映了技术效率的改进程度,同理,在 $t+1$ 时期,BB' 的距离也对应了农户技术效率的改进。另外,从 t 时期到 $t+1$ 时期,生产边界由 $f_0(X,t)$ 移动到生产边界 $f(X,t+1)$ 位置,说明在 $t+1$ 时期该农户采用了更为先进的生产技术,即在既定投入下可以获得更多产出,体现了技术进步带来的生产边界移动。综上,从 t 时期,A 点到 $t+1$ 时期的 B 点,该农户经历了技术效率提升和技术进步两阶段,最终实现了全要素生产率的提升。

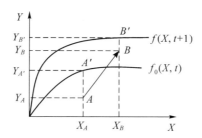

图 2.1 全要素生产率的变化及分解

实践证明,提升农业生产效率,是实现中国农业技术进步的重要环节。首先,农业技术效率与农业经济增长关系密切,然而中国农村发展情况参差不齐,部分偏远落后地区的农业带有"粗放型"特征,农业技术效率提升空间依然很大。其次,随着资源约束对农业生产的影响变大,农业生产经营中大量存在资源利用不合理的现象,提高农业生产要素的配置效率,是充分发挥生产技术和提高管理水平的重要保障。最后,中国农业技术成果的转化情况还很薄弱,有相当一部分没有直接转化为生产力,通过农业生产效率分析,实现农业技术效率和经济效率的有机结合,是促进农业增产增效的关键。

虽然经济增长与技术进步的思想与理论发展已久,然而直到 20 世纪 50 年代学界才对全要素生产率的量化测算展开深入的探索。按照不同的测算逻辑及假定,可将全要素生产率的测算方法划分为索洛余值法、指数法、数据包络分析(DEA)和随机前沿分析(SFA)四种类型,近年来文献中多使用随机前沿分析(SFA)和数据包络分析(DEA)测算农业全要素生产率。SFA方法允许技术无效率存在,并且将误差项分为生产者无法控制的随机误差项和生产者可以控制的技术误差项。与SFA方法相比,DEA方法虽然不需要对生产前沿的函数形式进行假设,但该方法没有使用随机项来控制生产过程中的不确定因素。一方面,在实际生产中,农业部门极易受各种不确定因素(极端天气、病虫害等)的影响;另一方面,在实证研究中,Headey et al.(2010)对发展中国家农业TFP增长进行分析并指出,基于SFA的农业TFP估计值明显比基于DEA的估计值更加稳健和准确。因此,本书着重介绍随机前沿分析(SFA)的基本理论思想。

2.1.3   随机前沿分析概述

随机前沿分析(Stochastic Frontier Analysis,简称SFA)是由Aigner等人(Aigner、Lovell、Schmidt)以及Meeusen和Van den Broeck在1977年分别独立提出的,已成为生产效率分析的标准框架。如前文所述,随机前沿分析允许技术无效率存在,即SFA模型既包含一个随机误差(或噪声误差)项v,又包含一个体现生产非效率的技术误差(或无效率)项u。

图2.2描述了随机前沿分析的基本思想。假设农户仅利用一种投入X生产得到产出Y。图中给出两个农户A和B,其实际生产点为A^*和B^*,完全技术效率点为A和B。如果没有技术无效项,农户只受到随机扰动项的影响(即$u_A = u_B = 0$),两个农户的生产点分别是A'和B'。可以看出,对于农户A来说,从A到A'的变化反映了随机扰动项对产出的负向影响(即$v_A \leqslant 0$);对于农户B来说,从B到B'的变化反映了随机扰动项对产出的提升(即$v_B \geqslant 0$),但这种提升并非技术效率或技术进步带来的。在随机扰动项和技术无效项的共同影响下,农户的实际产出有可能位于生产前沿确定部分之上或者落在生产前沿以下。图中两个农户由于随机误差项与技术无效项之和为负(即$v_A - u_A \leqslant 0$;$v_B - u_B \leqslant 0$),其实际产出A^*和B^*均位于生产前沿确定部分之下。

一般来说,对数化处理后的随机前沿模型可以写成如下形式:

$$y_i = f(x_i;\beta) + v_i - u_i = f(x_i;\beta) + \varepsilon_i \tag{2.10}$$

式中,$\varepsilon_i = v_i - u_i$,是由随机扰动项和技术无效项组成的复合残差项。

进一步,可得到产出导向的技术效率(TE):

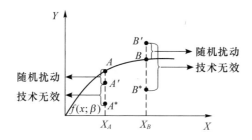

图 2.2　随机前沿分析(SFA)的基本思想

$$TE_i = \frac{y_i}{\exp(x_i\beta + v_i)} = \frac{\exp(x_i\beta + v_i - u_i)}{\exp(x_i\beta + v_i)} = \exp(-u_i) \qquad (2.11)$$

式中，$0 < \exp(-u_i) \leqslant 1$，技术效率代表生产者的实际产出与完全有效生产者使用相同投入量所能得到的预期最大产出之间的相对差异。

假设 v_i 和 u_i 是独立的，如果 $u_i = 0$，则该生产者是完全有效率的；如果 $u_i < 0$，则该生产者存在技术无效的情况。一般认为，v_i 服从均值为 0 的正态分布，即 $v_i \sim N(0, \sigma_v^2)$。由于无效率项 $u_i \geqslant 0$，一般将其设定为单边分布，常见的分布形式包括半正态分布、指数分布、截断正态分布以及 gamma 分布。基于此，可以定义以下四种经典的 SFA 模型：

(1)正态—半正态模型(normal-half normal model)
$$y_i = f(x_i;\beta) + v_i - u_i, v_i \sim N(0, \sigma_v^2), u_i \sim N^+(0, \sigma_u^2) \qquad (2.12)$$

(2)正态—指数模型(normal-exponential model)
$$y_i = f(x_i;\beta) + v_i - u_i, v_i \sim N(0, \sigma_v^2), u_i \sim \exp(\sigma_u) \qquad (2.13)$$

(3)正态—截断正态模型(normal-truncated normal model)
$$y_i = f(x_i;\beta) + v_i - u_i, v_i \sim N(0, \sigma_v^2), u_i \sim N^+(\omega, \sigma_u^2), \omega \neq 0 \quad (2.14)$$

(4)正态—gamma 模型(normal-gamma model)
$$y_i = f(x_i;\beta) + v_i - u_i, v_i \sim N(0, \sigma_v^2), u_i \sim \Gamma(\lambda, m) \qquad (2.15)$$

估计 SFA 模型，即确定未知参数的值，可使用普通最小二乘法(OLS)得到与确定性边界一致的斜率 β 的参数估计，若对误差项设定一些参数分布，可使用最大似然估计法(MLE)得到两个误差项的参数估计值。

运用随机前沿模型进行生产前沿面估计的优势在于：首先，它估计的生产前沿面是随机的，各生产单元不需要共用一个前沿面；其次，它可以对误差项进行区分，认为生产前沿的差异是由噪声误差和技术非效率共同引起的，能更准确地反映生产有效状态；最后，它可以对结果进行假设检验，当数据噪声较大时，更具经济学意义。

2.1.4 面板随机前沿模型

近年来，随机前沿模型的发展主要沿着两个方向：一是设定模型方程函数的选择以及采用方程形式的选择，前者如生产函数、成本函数或利润函数，后者如C-D生产函数形式和超越对数函数形式；二是利用面板数据进行实证分析。与横截面数据相比，面板数据拥有两期以上的样本量，这揭示了更多关于不同生产者的异质性信息，并且能够分析技术效率随时间变化的特征，因此面板随机前沿模型在实际研究中应用更为广泛。

面板随机前沿模型按照无效率项是否随时间变化，分为效率非时变随机前沿模型（time-invariant SFA model）和效率时变随机前沿模型（time-varying SFA model）。效率非时变随机前沿模型假设技术无效率项 u 不随时间 t 变化，即 $u_{it} = u_i$。虽然函数设定相同，但不同学者对于 u_i 的解读有所差异。表 2.1 总结了几种经典的效率非时变随机前沿模型。

表 2.1　效率非时变随机前沿模型

简称	来源	函数形式	基本思想
SS84	Schmidt and Sickles, 1984	$y_{it} = \alpha + x_{it}\beta + v_{it} - u_i$	固定效应模型（FE-SFA）u_i 是固定参数，放松了 u_i 的分布与 v_{it} 和 x_{it} 的非相关性假设
PL81	Pitt and Lee, 1981	$y_{it} = \alpha + x_{it}\beta + v_{it} - u_i$	随机效应模型（RE-SFA）u_i 是随机参数，u_i 与 v_{it} 和 x_{it} 的分布都不相关

效率时变随机前沿模型假设技术无效率项 u 随时间 t 变化，通常是将 u_{it} 设定为 u_i 与反映时间变化特征函数的乘积，即 $u_{it} = g(t) \times u_i$。不同效率时变随机前沿模型对于时间变化特征函数 $g(t)$ 的设定形式不同。表 2.2 总结了几种经典的效率时变随机前沿模型。

表 2.2　效率时变随机前沿模型

简称	来源	无效率项设定	基本思想
Kumb90	Kumbhakar, 1990	$u_{it} = [1 + \exp(bt + ct^2)]^{-1} \times u_i$	u_{it} 的估计是基于 $u_i \mid \varepsilon_i$ 的条件分布得到的，系数 b 和 c 分别决定了效率水平的高低和效率变化速度的快慢
CSS90	Cornwell et al., 1990	$u_{it} = \theta_{i1} + \theta_{i2}t + \theta_{i3}t^2$	时间 t 假设至少有一个生产单元在前沿面上，u_{it} 的估计值为 $\max_i \hat{\alpha}_{it} - \hat{\alpha}_{it}$

简称	来源	无效率项设定	基本思想
BC92	Battese & Coelli,1992	$u_{it} = \eta_{it} u_i = \exp(-\eta(t-T)) \times u_i$	T 表示第 i 个生产者的最大时间跨度，η 为延迟参数，衡量无效率项随时间的下降程度
LS93	Lee & Schmidt,1993	$u_{it} = \alpha(t) \times u_i$	$\alpha(t)$ 是一组虚拟的时间变量，假设时变因素 t 没有特定的变化模式，即同一年度所有个体的效率都相同
BC95	Battese & Coelli,1995	$u_{it} = z_{it}\delta + W_{it}$	假设 u_{it} 是企业特定变量和时间的函数，其均值是可观察变量的线性函数，在一定程度上刻画了个体的异质性

早期的面板数据随机前沿模型通常没有考虑到无法观测的个体异质性问题，把不能观测到的个体效应全部归入了无效率项，造成估计偏误。Greene (2005a，b)提出了真实固定效应(True Fixed Effect SFA,简称 TFE-SFA)和真实随机效应模型(True Random Effect SFA,简称 TRE-SFA)，TFE-SFA 模型将固定效应中的常量部分标记为真实固定效应，并随着时间的推移将这些效应改变为技术无效项，具体形式为 $y_{it} = \alpha_i + x_{it}\beta + v_{it} - u_i$ ，α_i 表示不随时间变化且不可观测的个体效应。

2.2 灾害经济理论

灾害不仅具有自然属性，还具有社会属性。在环境科学、灾害科学、社会学、气象学和生态学等学科的基础上，灾害经济学基于经济学视角研究灾害问题，是经济学与灾害学的交叉学科。灾害经济学理论运用经济学原理研究灾害与人类社会经济发展之间的相互关系，即通过经济学方法和工具探究灾害背景下社会经济主体如何有效配置稀缺性资源，以满足经济的可持续增长。灾害经济学理论经历了由浅入深的发展历程，早期的研究主要集中于自然灾害对社会经济的影响，但没有形成系统的理论。20 世纪 70 年代，灾害经济学理论逐渐从主流经济学理论中分化出来，这一时期更加强调灾害的社会属性，包括评估灾害的直接经济损失并提出防灾减灾措施。20 世纪 90 年代以来，随着研究内容的不断深入，对于灾害对社会经济的影响，不再仅仅评估灾害的直接经济损失，还探讨灾害损失对人类社会经济的长期影响，并关注灾害保险等金融工具的应用对防灾减灾的作用，灾害经济学理论进一步得到完善(唐彦东和于汐，2021)。

灾害经济学理论的第一层次，是认识灾害经济问题，即无论是自然灾害还是人为灾害，都与经济发展存在必然联系并给人类社会带来负面影响，这种负面影响只有大小之分，并没有性质差异。灾害经济学理论的第二层次，是评估灾害对经济的直接与间接影响，例如灾情不仅会造成农作物减产，还会进一步影响农产品的交换、流通和分配等领域。灾害经济学理论的第三层次，是重视经济对灾害的影响，即发挥人类的主观能动性，化被动为主动，探求灾害损失最小化目标。灾害经济学理论的第四层次，是兼顾灾害与各部门经济之间的相互关系，使灾害的损失在大范围内进行分散，在总体上找到防灾减灾的最优路径。灾害经济学理论的第五层次，是关注灾害经济关系的长远运行，总结灾害经济长期发展规律，提高对灾害致灾因子的理解，以实现未雨绸缪（项勇和舒志乐，2022）。

2.2.1 灾害经济的发生与发展规律

灾害经济服从于灾害的发生与发展规律，主要包含以下四大规律：不可避免规律、不断发展规律、人灾互制规律和区域组合规律，它们从根本上决定着大到一个国家、小到一个家庭的灾害经济关系（郑功成，2010）。

（1）不可避免规律

无论是自然灾害，还是人为灾害或人为—自然灾害，都是不可绝对避免的、客观的自然、社会现象，在总体上都具有不可避免性，是直接制约灾害经济关系存在与发展的关键因素。灾害的不可避免规律，包含灾害与灾害损失不可绝对（或完全）避免和可以相对减轻两个方面的内容。一方面，尽管人们通过事先防范，能够使灾害与灾害损失在一定程度上得以减轻，但灾害与灾害损失的不可避免性仍然是总体的、基本的规律，这一规律决定任何时代、任何国家或地区的灾害经济关系，不能只有单纯的灾前防范，即防灾投入与防灾效益的关系，还要包含灾时的抢险与灾后的救援及补偿问题。另一方面，既然通过人类自身的努力，可以使灾害与灾害损失在一定程度上得以减轻，因此在灾害经济学指导下，不能只是被动地等待着灾害与灾害损失的降临，或者只是消极地采取灾后补救措施，而是应当以主动的、积极的姿态来防范各种灾害。

灾害与灾害损失的不可避免规律，决定灾害经济研究的出发点必须是在灾害与灾害损失不可绝对避免的基本前提下，着眼于灾害与灾害损失的相对减轻，寻求灾害损失的最小化。换言之，灾害与灾害损失不可避免规律决定了灾害经济的基本内容应当是灾后救助与灾前防范经济关系的有机结合，防救结合、防重于救应当成为当代社会治理灾害经济问题的基本原则。

（2）不断发展规律

人类社会是不断发展的,灾害与灾害损失也是不断发展的。灾害的形成往往是自然变异与人的影响等多种因素交互作用的结果。影响灾害发展的自然因素不以人的意志为转移,人为因素中既有必然的因素也有偶然的因素,人口增长与财富增加则又是一个必然的因素。对灾害产生影响的自然因素具体包括天体原因、地质运动、地理与气候原因、海洋原因,以及多种因素综合引起的灾害。人为因素主要包括生产原因、过失原因、发展原因、道德原因,以及人类活动范围的不断扩张。人口剧增与财富积累使灾害直接威胁的对象倍增,灾害造成的损害后果不断扩大,从而使灾害的危害与影响不断发展。上述三个方面的因素,共同促使着灾害在总体上向前不断发展,并且具有不可逆转性。

从灾害的发展史来看,灾害的发展主要表现在以下四个方面:一是灾害的种类不断增加,二是危害的对象增多,三是灾害造成的经济后果绝对数额不断扩大,四是灾害造成的影响日益巨大。随着人类社会的发展,灾害问题正在成为全球性问题,现阶段灾害的发展规律呈现出许多新趋势。首先,在自然灾害的持续发展中,气象灾害与海洋灾害发展得尤其迅速。洪水、干旱、飓风、风暴潮灾害等的危害范围与危害程度急剧扩大。其次,环境灾害成为人类社会生产发展与生活污染的结果,并将逐步上升为危害经济社会发展的主要灾害种类。最后,灾害损失呈现新的细分特征:一方面,人身伤亡在相对减少的同时,物质财富损失却在持续上升(见图 2.3);另一方面,在灾害造成的人员伤亡中,自然灾害导致的人身伤亡人数持续下降,而人为事故导致的人身伤亡人数却在持续上升(见图 2.4)。总之,灾害的不断发展规律是持续的、不可逆转的,应采取客观积极的态度,尽可能争取延缓其发展步伐。

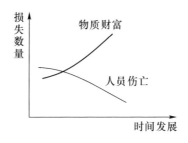

图 2.3　灾害损失:物质财富与人身伤亡损失对比

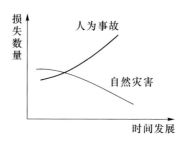

图 2.4　人身伤亡损失:人为事故与自然灾害对比

(3)人灾互制规律

人灾互制规律是灾害经济关系的第三个基本规律,即灾害制约着人类社会经济的发展,而人类则可以在一定程度上控制灾害或减轻灾害,也可能在一定程度上助长灾害与灾害损失。因此,人灾互制规律包括人对灾害的制约和灾害对人类发展的制约两个方面内容。一方面,从人对灾害的制约效果来看,人类可以通过各种防灾工程的建设或非工程措施使某些灾害在一定的区域范围内或程度上得到减轻或控制。在人灾互制关系的发展进程中,科学技术的发展是制约灾害发生发展不可或缺的途径。另一方面,灾害对现有物质财富的毁灭和对人身的伤害,以及对生产、交换、分配、消费的制约,都是灾害对经济、社会发展的制约。因此,不能因为人类社会自产生发展至今都是不断发展的而否定灾害的制约作用。

从当代社会人灾互制规律的现实表现出发,它的可能后果包括如下两种:一种是在灾害不断发展的同时,人类抗御灾害的能力也像已有的人类发展历史那样在不断增长并持续超过灾害的发展,那么人类发展的未来结果将是较为乐观的。如图 2.5 所示,在乐观情境下,随着社会生产力的发展和经济实力不断增强,人类抗灾能力不断提升,并与灾害的发展拉开差距。另一种是在灾害不断发展的同时,人类承受灾害的能力虽然也在不断增长,但相对于灾害的发展而言要滞后,或者越来越不足以抵御灾害的发展,即灾害的发展快于人类抗御灾害能力的增长,那么人类发展的未来结果将是较为悲观的。如图 2.6 所示,在悲观情境下,如果不能采取有效的减灾行动,最为严重的后果是人类社会在获取现阶段的经济繁荣后,将因灾害现象的发展走向消亡。

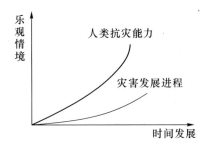

图 2.5   乐观情境下人类抗灾能力与灾害发展关系

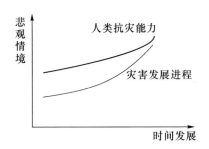

图 2.6   悲观情境下人类抗灾能力与灾害发展关系

（4）区域组合规律

灾害的区域组合规律，是指灾害的种类、数量、频率及危害程度、危害对象在不同的区域具有不同的组合。区域组合规律主要有以下三种表现形式：一是灾害种类在地区分布上不平衡，某地有的灾害另一地不一定有；二是不同地区的主要灾害，尤其是对当地经济、社会造成重大损害后果并经常发生的灾害结构不同，北方有北方的主要灾害，南方有南方的主要灾害；三是灾害的危害对象与危害后果在地区上有差异，既有重灾、多灾地区，也有轻灾、少灾地区。

由于任何灾害的发生都要求有相应的自然和人文等生成条件，因此灾害的区域组合规律是多种因素综合作用的结果。首先是自然因素，主要包括地理位置、气候条件、地质条件和特殊地形等其他自然条件。如干旱区、半干旱区与湿润地区，就会因降雨量的偏少或偏多而出现严重旱灾与水灾的差异。其次是人文因素，主要包括城市与乡村的差异、经济布局的不同、人口密度的大小、防灾抗灾的设施与能力差异以及灾害意识与社会公德。最后是经济政策因素，即在同样的自然条件与人文条件下，因经济发展政策取向不一，也会影响灾害的区域组合规律。如部分山区通过毁林开荒来发展经济，结果造成水土流失严重，带来新的水旱灾害。此外，在一个区域内，灾害之间还存在着群发性与关联性，如经常发生旱灾的地区多干热风等灾害，沿海地区多台风，也伴随着风暴潮灾害，地震往往伴随着水灾、火灾和泥石流等灾害，洪涝灾害与疫病紧密相连。

综上所述，区域组合规律是灾害客观的、基本的规律，它与经济发展布局的区域组合性往往存在着不可分割的内在联系。从农业生产的角度看，一个地区的不同灾害组合决定了该地区的农业生产布局。中国农业生产的地域差异非常明显，一方面表现出从南到北的温度地带差异，从而使农作物种类、畜类、家禽结构以及熟制有很大的差别，从北方寒温带的一年一熟到南方热带的一年三熟。另一方面，降水地带表现出从东到西的差异，从湿润区、半湿润区、半干旱区、干旱区，农业生产也呈现出从西到东的无灌溉旱作到灌溉农业的差异，这反映出水旱灾害对农业生产的直接制约。此外，大多数作物只能生长在传统的种植地区，如果移植他乡，必然会因灾歉收甚至绝收，可见灾害区域组合规律对农业生产的决定性影响。

2.2.2　灾害经济研究的基本原理

灾害经济作为一门有着自己特殊规律与研究使命的新兴经济学科，在研究的过程中，主要有以下五条基本原理：周期发展原理、害利互变原理、连锁反应原理、负负得正原理和标本兼治原理（郑功成，2010）。

（1）周期发展原理

尽管从单个具体灾害的发生个案来看，灾害的发生都是不确定的、偶然的，但如果对各种灾害进行总体的、长期的考察，就会发现无论是自然灾害还是人为灾害，都呈现出周期发展的态势。灾害经济的周期发展原理，是指灾害发生、发展过程及其对社会经济的影响所表现出来的重复现象，它以灾变的大小为客观标志，是一个从一般灾变到特大灾变，再由特大灾变到一般灾变的循环过程。这种循环或重复现象是客观存在的，考察的时期越长，考察的范围越大，灾害经济的周期发展状态就表现得越明显。从灾害总体周期发展变化的时间状态来看，灾害经济的周期发展有特大周期、大周期、中周期、小周期之分，某些灾种还表现出季节性，比如水灾基本上发生在夏秋时节，台风多发生在7—9月。

灾害周期发展原理的第一层次，是指灾害的周期发展对整个国民经济的周期发展产生重要的影响。尽管灾害的周期发展不一定与经济的周期发展同步，但灾害的周期发展与经济的周期发展是相互联系、相互影响的关系。在灾害对经济发展周期的影响方面，一般表现为大灾变带来经济发展的衰退，反之无灾变促进经济高增长，灾害周期发展使经济发展的周期变化呈现出大起大落的特色。在经济发展对灾害周期的影响方面，一般表现为经济高速增长时期往往是灾害发展的积累时期，经济发展既可以为制约灾害的发展提供条件，也可能对灾害的发展起推波助澜的作用。此外,还应当看到灾害的周期发展与经济的周期发展是可以分异的,不仅有助于抵御灾害,而且有助于延缓经济增长周期和减缓经济衰退。

灾害周期发展原理的第二层次,是指灾害经济自身所具有的周期发展问题。灾害经济自身呈现出明显的周期发展特色。灾害经济周期的具体发展轨迹为:大灾变—大损失—大治理(大投入)—减灾能力提高—灾害减少—损失减少—少投入—防灾能力下降—大灾变。简而言之,在大灾变发生前,总有一个疏于防灾治理的过程导致灾变要素不断积累,最终灾情全面爆发;在大灾变发生后,政府与社会各界又往往会痛定思痛,并强化减灾方面的工程与非工程建设。在此基础上,大投入与大治理必然使减灾能力迅速增强,进而使灾变要素得到缓解、灾害损失得以减轻。

(2)害利互变原理

灾害以"害"为主体,但其中又包含了部分"利"的因素。害利互变原理的实质,是承认"害"与"利"的关系是可以转化的。而人类自身的行为是害利互变原理中的主导因素,即人类对灾害采取积极主动姿态和科学合理的行动是化"害"为"利"的先决条件。

从害到利或从利到害的转化,客观上存在着临界点。在灾害经济研究中,可以采用自然科学中的阈值概念,来判断害利互变的限度问题。自然灾害中害利互变的临界点是比较客观的,通常可以通过赋予其相应的技术指标来测定。例如适度的降雨会促进农业生产的发展,但降雨偏多会造成水灾,降雨偏少则导致旱灾,因此适度的降雨量是水旱灾害发生的临界点或阈值。再比如气温是自然现象,但气温偏高会带来干旱、中暑等灾害,气温偏低又会带来低温冷害和霜冻灾害。在人为灾害中,害利互变现象同样存在着客观临界点。例如火灾是以经济损失和人员伤亡为临界点的。

综上所述,灾害经济学中的害利互变临界点是以各种自然、社会现象是否造成物质财富或资源损失和人员伤亡为客观标志的,它考察的是一个变化过程,而表现出来的却是灾害的爆发点,其中人类自身的行为往往在害利之间起着突破临界点或远离临界点的推动作用。因此,对害利互变原理的利用,一方面,减灾措施应当与经济发展相结合,树立防重于救的灾害经济思想,注重减灾工作自身的经济效益问题;另一方面,做好统筹规划,强化宏观调控,还应适当考虑对受损失的局部地区或产业进行补偿,例如对洪水等灾害可以通过兴修水利工程、建立蓄洪区和分洪区等措施来化害为利,同时实行强制性的洪水保险,以便通过在流域范围内对分洪区的损失分摊来维护分洪区的合理利益。此外,科学技术是第一生产力，同时也是化害为利的主要依靠力量，因此加快科学技术的发展并应用于减灾实践中是非常必要的。

（3）连锁反应原理

灾害经济学中的连锁反应原理是指由灾害或灾害链的原因导致经济链的连锁反应，也被称为灾害经济链。灾害链与经济链的客观性，决定了灾害经济链存在的客观性。一种灾害的发生往往引发其他灾种的发生，最终造成灾害的群发，这在自然灾害中表现得尤为明显。以自然灾害中最主要的大气灾害为例，其灾害链包括如下各类：一是降水类灾害链，主要有暴雨—洪涝、暴雨—泥石流/滑坡/水土流失、干旱—虫灾—饥荒—瘟疫、雪灾—雪崩等；二是冷热类灾害链，主要有低温寒潮—霜冻、高温热害—中暑停产等；三是风类灾害链，主要有龙卷风—停电停产、大风—沙尘暴、台风—暴雨—水灾、台风—海啸等；四是雷电类灾害链，主要有雷电—火灾等。经济链与灾害链一样，也是客观存在的，生产—交换—分配—消费就是显而易见的经济链条。

可以看出，灾害链是经济链失常的原因，而经济链失常则是灾害链影响的客观结果，即通过具体的受灾对象或受灾体进一步波及其他经济环节。以农业灾害为例，假设某年全国遭受严重旱灾，进而发生严重的虫灾，粮食因此大幅度减产，其灾害经济链的发展表现为：首先农业减产导致农业减收，农业生产者收入锐减。在此基础上，依赖农副产品为原材料的食品加工业、纺织业、餐饮业等因农副产品的供不应求而面临生产困境，进而导致这些产业的生产滑坡，经济增长放缓。然后由于农业经济与相关工业产业的滑坡，进一步波及整个国民经济的发展，最终使国民经济增长计划无法实现，经济发展受阻。

在实践中，灾害经济连锁反应存在着递缩或递扩的现象。递缩是指灾害经济链的最初环节损害大，越到后来损害越小；递扩是指灾害经济链的最初环节损害小，越到后来损害越大。虽然灾害经济的连锁反应原理是客观的，但人类可以在适应的过程中采取可行的经济对策。一方面，找出灾害经济链条中的关键或薄弱环节并加以巩固或及时防治，可以有效抑制灾害经济的连锁反应。例如，大灾害往往会导致疫病流行，进而造成劳动力资源的严重损失，这必然导致生产的停顿或中断。可以看出，在这一灾害经济链中，灾后的疫病流行导致劳动力损失是最薄弱环节，如果能在灾后及时组织救护，最大限度缩小疫病流行，就能够阻止灾害经济链的恶化。另一方面，促进经济市场化和国际化，可以有效地调节灾害经济的连锁反应。例如，农业歉收造成某国或某地区的农副产品或原材料供应紧张，使正常的经济发展链受阻，可以通过国际或国内市场的调节尽快恢复供应，确保被灾害中断的经济发展链条及时得以修复。此外，建立社会化的风险补偿机制,使风险在更大的范围内分散化,进而可以及时修补被灾害中断的经济发展链。

(4)负负得正原理

负负得正是灾害经济的固有原理,其中第一个"负"是指灾害造成的经济损失(包括社会财富、自然资源与人力资源等的损失),第二个"负"是指为避免或缩小这种损失而发生的经济投入(包括人力、资金、技术投入等)。基于此,负负得正的内涵在于,通过人力、资金和技术的投入去减少可能产生的灾害经济损失,即利用一定的投入来减少灾害造成的损失是负负得正原理最基本的含义。负负得正原理的外延,不仅在于减轻灾害的经济损失,还在于追求直接创造的收益。例如兴修水利工程不仅可以控制水灾,还可以发电或用于灌溉,进而直接创造经济效益。

负负得正原理的正面效应,是通过减灾的投入可以得到正的经济效益(损失的减少或直接收益的增加)。然而,若投入不当,则可能加重负的效益,或在取得近期正效益的同时加重了长期的负效益。总的来说,人的行为正确与否,仍然是灾害经济中负负得正原理的主要影响因素。基于此,可以得到以下两个公式:一是负(灾害损失)+负(投入)=正(减少了的损失及创造的收益);二是负(灾害损失)+负(投入)=负(扩大了的灾害损失)。综上所述,在处理灾害经济关系时,既需要充分考虑第一个"负",也需要高度重视第二个"负",同时努力通过第二个"负"去减轻第一个"负",实现直接的收益,并最大限度地避免出现负负得负的结果。

负负得正原理对灾害经济的指导作用主要表现在以下三个方面:第一,在负负得正原理指导下,要想取得灾害经济中的正效益,必须利用人力、物力和技术的投入去减少灾害的损失或创造直接的经济效益。换言之,减灾投入既是经济发展中的必要付出,也是经济发展的助长因素。第二,减灾投入是复杂的经济投入问题,它只有与正确的决策、科学的设计、合理的方式和高质量的实施相结合,才会取得良好的效果。第三,负负得正原理强调"正"效益的最大化,即不论是减少灾害损失还是直接创造经济收益,都应当尽可能地使投入所产生的效果最大化。当然也要看到,经济发展水平制约着减灾水平,政府与社会只能在经济发展水平允许的情况下加强减灾投入,并在此条件下努力追求尽可能大的正面效果。

(5)标本兼治原理

治标与治本对灾害经济而言都是必不可少的。治标的经济学意义在于,它通过灾害发生前夕或发生后的经济投入(包括人力、资金、技术等投入)来防止灾害损失的扩大化,并尽可能地以最快的速度恢复受灾地区和受灾人口的正常生产与生活秩序。治标的特点是见效快,是解决各种灾害问题最急切的经济手段,但持续性较差,被动性明显。治本的经济学意义在于,它通过灾害发生前的经济投入(包括人力、资金、技术等投入)来建筑各种防灾工程或化解有关致灾因素,将某些灾害与灾害损失消灭在萌芽或潜伏状态,以避免或控制某些具体的灾种或灾害损失的发生。治本的特点是具有预先防范性、持续性较好以及主动性强,是长期抵御灾害问题的经济措施,但投入往往较大,其见效性通常较治标措施要慢,很难及时见效。

标本兼治原理的核心是既治标又治本,它们共同构成了出发点不同、侧重点有别的减轻灾害的系统经济措施,两者的有机结合与功能互补是促使灾害经济效益得以放大的基本保证。从经济投入的时间上划分,治标措施一般用于灾害发生时或灾害发生后,而治本措施则一般用于灾害发生前。从实施效果看,治标措施通常可以立竿见影,但很难从根本上解决灾害问题,而治本措施不能即时见效却能从根本上解决问题。从具体实践角度看,治标措施主要解决那些无法避免的灾害问题,属于补救性措施,而治本措施主要解决那些可以通过事先防范措施得到避免或减轻的灾害问题。综上所述,经济发展是标本兼治的基础,长期治本与短期治标相结合是灾害经济发展的内在要求。此外,在对待具体灾种时,也要坚持治标与治本的有机结合。

2.3　本章小结

本章着重梳理与本书后续实证研究密切相关的重要理论,主要包括农业生产经济理论与灾害经济理论,为进一步的实证分析提供理论支持。在农业生产经济理论中,主要介绍了常见的农业生产函数以及后面实证章节采用的农业全要素生产率测算方法及随机前沿分析的相关内容。农业生产经济理论通常构建生产函数来反映农业生产活动中各要素之间的关系,常用的有柯布-道格拉斯(C-D)生产函数、超越对数(T-L)生产函数和常替代弹性(CES)生产函数,其中在农业经济学中应用最广泛的生产函数形式是柯布-道格拉斯(C-D)生产函数。实践证明,通过农业生产效率分析,实现农业技术效率和经济效率的有机结合,是促进农业增产增效的关键。由于农业部门极易受各种不确定因素的影响(极端天气、病虫害等),随机前沿分析方法允许技术无效率存在,并且将误差项分为生产者无法控制的随机误差项和生产者可以控制的技术误差项,因此基于 SFA

的农业 TFP 估计值明显比基于 DEA 的估计值更加稳健和准确。

在灾害经济理论中,主要介绍了灾害经济的发生与发展规律以及灾害经济研究所遵循的基本原理。首先,灾害经济学理论运用经济学原理研究灾害与人类社会经济发展之间的相互关系,即通过经济学方法和工具探究灾害背景下社会经济主体如何有效配置稀缺性资源,以满足经济的可持续增长。其次,灾害经济服从于灾害的发生与发展规律,主要包含以下四大规律:不可避免规律、不断发展规律、人灾互制规律和区域组合规律,它们从根本上决定着大到一个国家、小到一个家庭的灾害经济关系。最后,在灾害经济研究的过程中,主要有以下五条基本原理:周期发展原理、害利互变原理、连锁反应原理、负负得正原理和标本兼治原理,共同为灾害经济的实证研究提供方法论指导。

3 研究框架与文献综述

本章为研究框架与文献综述章节。3.1 小节构建本书的经济学理论框架,以新古典经济增长理论为基础,使用索洛经济增长模型分析灾害发生后影响经济发展的各要素的变动情况,以及技术进步在灾后重建中的作用,为后文的实证分析提供逻辑框架支撑。3.2 小节为本书的文献综述部分,主要从自然灾害与经济发展、农业气象灾害的测度、气象灾害对农业生产的影响以及气象灾害的适应性四方面,系统回顾了国内外学术界关于农业气象灾害对农业生产影响的相关研究,并在此基础上进行文献评述。3.3 小节为本章小结。

3.1　研究框架

3.1.1　灾害经济的宏观理论假设

在人类社会发展进程中,自然灾害与经济发展始终存在着矛盾对立统一的关系。自然灾害对经济发展的影响是多层次的。首先,自然灾害出现的地域差异对社会经济的影响是不同的。例如,在无人区的干旱与人类聚居区的干旱造成的经济损失与社会影响差别巨大。其次,自然灾害类型的不同对社会经济的影响也是不同的。例如,与干旱相比,洪涝和泥石流灾害更容易造成大量的人员伤亡。最后,自然灾害持续时间和强度的不同也会给经济发展带来不同影响,例如,台风和地震的级别对应着不同程度的损害。

尽管任何大小灾害的发生都是以物质财富或生命财产损失为代价的,但另一方面,灾后重建的过程也会带来技术进步和生产力的提高,进而促进技术革新与经济增长。总体来看,自然灾害对经济发展的影响是复杂和不确定的,影响经济发展和经济增长的要素还有资源要素、技术要素、劳动力要素、资本要素等,任何一种要素都能够对经济发展产生促进或阻碍作用。因此,考察灾害与经济发展的宏观关系,还需要考虑整个经济发展进程中的所有影响因素。在此,可以通过三种理论假设来考察灾害所带来的不同经济后果(郑功成,2010)。

首先,假设经济总量为 Y ,影响经济总量的各要素分别为 $X_1, X_2, \cdots, X_n$,灾害损失为 L ,则基期经济总量为:

$$Y_0 = X_1 + X_2 + \cdots + X_n \tag{3.1}$$

第一种理论假设是:假定影响经济发展的其他要素保持稳定状态,则发生灾害条件下的经济一定是负增长,经济负增长的比率高低取决于灾害的大小。用公式表示如下:

$$Y_1 = X_1 + X_2 + \cdots + X_n - L = Y_0 - L \tag{3.2}$$

则有:

$$\frac{Y_0 - L}{Y_0} = 1 - \frac{L}{Y_0} < 100\% \tag{3.3}$$

此时在第一种理论假设下,经济属于负增长型,负增长率决定于 L 的大小。

第二种理论假设是:假定影响经济发展的其他要素保持良性发展或增长状态,则发生灾害条件下的经济是否增长或负增长,取决于二者之间的较量。若其他要素的发展或增长势头快于灾害发展,则经济仍然是增长型;若其他要素的发展或者增长势头慢于灾害发展,则经济表现为负增长型;若其他要素的发展或者增长势头与灾害发展势头相当,则经济增长表现为停滞型。用公式表示如下:

$$\begin{aligned}Y_1 &= (X_1 + \Delta X_1) + (X_2 + \Delta X_2) + \cdots + (X_n + \Delta X_n) - L \\ &= (X_1 + X_2 + \cdots + X_n) + (\Delta X_1 + \Delta X_2 + \cdots + \Delta X_n) - L \\ &= Y_0 + \Delta Y - L \end{aligned} \tag{3.4}$$

则有:

$$\frac{Y_0 + \Delta Y - L}{Y_0} = 1 + \frac{\Delta Y}{Y_0} - \frac{L}{Y_0} \tag{3.5}$$

此时在第二种理论假设下,当 $\Delta Y > L$ 时,经济属于增长型;当 $\Delta Y < L$ 时,经济属于负增长型;当 $\Delta Y = L$ 时,经济属于停滞型。

第三种理论假设是:假定影响经济发展的其他要素发生倒退或不良现象,则灾害的发生,必定进一步放大经济负增长的比率,形成"雪上加霜"的经济效应。用公式表示如下:

$$\begin{aligned}Y_1 &= (X_1 - \Delta X_1) + (X_2 - \Delta X_2) + \cdots + (X_n - \Delta X_n) - L \\ &= (X_1 + X_2 + \cdots + X_n) - (\Delta X_1 + \Delta X_2 + \cdots + \Delta X_n) - L \\ &= Y_0 - \Delta Y - L \end{aligned} \tag{3.6}$$

则有:

$$\frac{Y_0 - \Delta Y - L}{Y_0} = 1 - \frac{\Delta Y}{Y_0} - \frac{L}{Y_0} \tag{3.7}$$

此时在第三种理论假设下，经济属于负增长型，且是放大的负增长型，放大的部分为 $\Delta Y/Y_0$。

综上所述，影响经济发展的要素很多，在灾害不可避免规律的前提下，应当努力促使其他要素的协调配合和良性发展，争取实现第二种理论假设条件下的增长型经济，避免出现第三种理论假设条件下负增长比率放大的经济现象。

3.1.2　新古典经济增长理论与索洛模型

经济增长率的变化，取决于灾后经济发展中正负效应的角逐，因此在学理上需要适合的理论框架加以分析。本节以新古典经济增长理论为基础，使用索洛经济增长模型分析灾害发生后影响经济发展各要素的变动情况，从而归纳其中的规律，为后文的实证分析提供理论支撑。

新古典经济增长理论的提出源于对哈罗德-多马模型的修正。哈罗德-多马模型的设定有诸多严苛的假设条件，即假定不存在技术进步，只使用劳动力和资本两种生产要素进行生产，并且上述生产要素无法相互替代。如果储蓄率是外生既定的，则有且只有一个数值能实现均衡增长。在这种条件下要想实现长期的均衡稳定增长几乎是不可能的，因此哈罗德-多马模型也常被形象地称为"刃锋式"的经济增长。

针对哈罗德-多马模型的局限性，索洛（Solow，1956）和斯旺（Swan，1956）等人修正了哈罗德-多马模型，构建了一个更加一般的经济增长模型，即索洛经济增长模型（也称新古典经济增长模型）。索洛认为，哈罗德-多马模型之所以存在"刀刃平衡"，关键在于生产中的劳动力与资本比例是固定的假设，劳动无法取代资本，但如果放松该假设，"刃锋式"经济增长的问题也就迎刃而解了。基于这种思路，索洛模型强调了资本积累，特别是人均资本在保持经济增长均衡状态中的重要作用，充分就业可以通过市场调节生产过程中的劳动与资本比来实现。新古典经济增长理论的另一大贡献在于，放松了生产技术不变的假设，并进一步把技术进步引入经济增长模型中。在实际应用中，该理论的主要观点是把技术进步看成是外生给定的，且保持固定的增长速度。索洛等人认为，长期增长的决定因素是技术进步，而不是资本积累和劳动力增加。正因为技术进步的存在，即使资本劳动比保持不变，资本的边际收益依然会增加，这保证了人均资本积累在长期不会停止，因此打破了一直为人们所奉行的"资本积累是经济增长的最主要因素"这一结论。

索洛经济增长模型主要有如下几个假设：①社会储蓄函数为 $S=sY$，其中 s 为储蓄率；②劳动力以不变的比率 n 增长；③生产规模收益不变；④劳动和资本可互相替代；⑤技术是外生的。根据以上几个假定，基于索洛经济增长模型的生产函数可以表示为：

$$Y=F(K,L) \tag{3.8}$$

其中，Y 为总产出，K 为资本存量，L 为劳动量。将式（3.8）采用人均的形式表示为：

$$y=f(k) \tag{3.9}$$

其中，$y=Y/L$ 为人均产量，$k=K/L$ 为人均资本量。由于劳动增长率恒定，式（3.9）表示人均产量取决于人均资本量。索洛经济增长模型的基本方程如下：

$$\dot{k}=sf(k)-(n+\delta)k \tag{3.10}$$

其中，s 为社会储蓄率，n 为劳动增长率，δ 为资本存量，$\dot{k}$ 为人均资本增量。$(n+\delta)k$ 由两部分组成，nk 表示人均储蓄中用于装备新增劳动力的花费，δk 表示人均储蓄中用于替换旧资本的花费，即人均折旧量，$(n+\delta)k$ 称为资本的广化。人均储蓄中超过资本广化的部分会使得人均资本增多，即 $\dot{k}>0$，$\dot{k}$ 称为资本的深化。因此，该方程的基本含义可表述为：人均储蓄会作用于资本深化与资本广化两个部分。

在新古典经济增长理论中，稳态是一种长期稳定、均衡的状态。稳态时人均资本与人均产量达到均衡数值并维持在均衡水平不变。当人均储蓄恰好和资本广化保持一致时，人均资本变化为零，不存在资本深化，即 $\dot{k}=0$，此时经济处于稳态（谢永刚等，2009）。因此，在无技术变化的情况下，新古典经济增长理论中的稳态条件是：

$$sf(k^*)=(n+\delta)y^* \tag{3.11}$$

此时，人均资本为 k^*，人均产量为 y^*。

3.1.3　无技术进步时灾害对经济增长的影响

（1）简化分析

图 3.1 展示了灾害前后经济变动情况。假设发生灾害前经济处于稳态，在不存在技术进步的条件下，人均储蓄线 $sf(k)$ 与代表资本广化的 $(n+\delta)k$ 线相交于 A 点，即为稳态点。此时人均资本和人均产出的增长率均为零，总资本增长完全由外生的劳动增长率来决定。

当灾害发生后，经济增长情况将出现什么变动？为了使分析更加简化和直观，首先考虑其他变量不变，时资本的变动情况。假定灾害给资本带来了严重的损失，但并没有人员伤亡，即劳动力数量没有变化。此时，人均资本将减少，人均产量也相应地减少，经济将不再处于稳态。随着灾后重建过程的展开，经济将逐渐恢复增长，人均资本和人均产量回到了灾害发生前的水平，经济重回稳态，灾害重建最终完成（张佳丹，2007）。用图 3.1 表示上述过程：灾害发生后，人均资本水平由 k^* 下降到 k_0，相应地，人均储蓄线 $sf(k)$ 与代表资本广化的 $(n+\delta)k$ 线对应于 B 点和 C 点，这意味着人均储蓄中超过资本广化的部分会使得人均资本增多，即 $\dot{k} > 0$，资本存在深化。随着灾后重建过程的展开，人均资本占有量开始上升直至重新变为零，人均资本重新收敛于 k^*。

　　上述过程反映了灾情发生后，其他变量不变只有资本变动时，经济是如何恢复到稳定的状态的。现在考虑更为现实的情况。一方面，灾害发生后，政府和企业往往会通过加大投资的方式加速经济恢复，也就是说，与灾害发生前相比，灾后重建期将有更多投资被用于经济发展。另一方面，受灾群体接受政府和社会的大量救助，往往会减少消费增加储蓄。在二者的共同作用下，自然灾害的发生会造成社会储蓄率的变化，且灾后的储蓄率要高于灾前，经济实现了更高水平的均衡。然而由于投资的大幅度增加是为了加速灾后经济重建，这种新的稳态只是暂时的。随着灾后重建完成，储蓄热情下降，储蓄率逐渐回落到初始状态，经济重新回到最初的稳态。用图 3.1 表示上述过程：灾害发生后，人均储蓄线由 $sf(k)$ 上升到 $s_r f(k)$，人均资本水平 k_0 决定的人均储蓄由 B 点上升到 D 点。随着灾后重建过程的展开，人均储蓄线逐渐由 $s_r f(k)$ 回落到 $sf(k)$ 的初始状态，最终重新收敛于原始的稳态点 A。

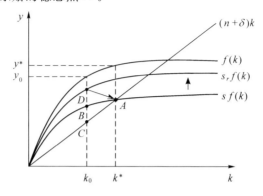

图 3.1　灾害对经济增长的一般经济学分析

（2）动态分析

基于索洛经济增长方程进一步分析灾害发生后人均资本的动态变动趋势。

首先将式(3.10)同时除以人均资本存量 k：

$$g_k = \dot{k}/k = sf(k)/k - (n+\delta) \tag{3.12}$$

其中，g_k 为人均资本存量的增长率。如图 3.2 所示，$sf(k)/k$ 为向下倾斜的曲线，且遵循资本的边际报酬递减规律，即资本的平均产出随着人均资本存量的增加而减少。$(n+\delta)$ 为一条水平线，$sf(k)/k$ 与 $(n+\delta)$ 直接的垂直距离即为人均资本存量的增长率。

灾害发生前，经济处于稳态点 A，此时人均资本存量的增长率为零，人均资本存量为 k^*。灾害发生后，人均资本水平由 k^* 下降到 k_0，经济稳态被打破，此时人均资本存量的增长率为图 3.2 中 BC 的垂直距离。但如前所述，自然灾害的发生会造成社会储蓄率的提高，$sf(k)/k$ 上移至 $s_rf(k)/k$，此时人均资本存量的增长率为 DC 的垂直距离。随着灾后重建过程的展开，人均资本存量增速不断下降，储蓄率逐渐恢复到初始状态，资本存量由 k_0 回到灾前经济稳态时的 k^*，最终重新收敛于 A 点。综上所述，灾害发生后，资本存量经历了短暂回落，随着投资的增多和储蓄率的提高，经济恢复进程加快，最终重新回到稳态，灾后经济重建完成。图 3.2 中从 D 点到 A 点的变化反映了整个灾害重建过程。

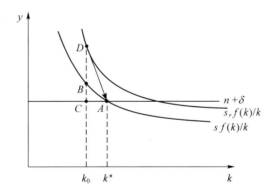

图 3.2 无技术进步时灾害对经济增长的动态分析

3.1.4 存在技术进步时灾害对经济增长的影响

(1)简化分析

假定社会经济中的技术是由新旧技术混合而成的综合技术，也就是说，既存在由老旧技术主导的落后机器设备，也存在由高新技术主导的新式机器设备。当灾害发生时，相比于新技术和新设备，老旧机器更脆弱、更易在灾害中被破坏。因此，在灾后重建的过程中，随着投资的增加，旧技术和破损的设备往往被新技术和设备替代，用于灾后的恢复生产中。但值得注意的是，灾后投资量的加大与技术的大幅度革新只是暂时的，长期来看，随着经济恢复到灾前水平，技术进步率在没有其他因素的刺激下，仍然按照原有路径增长。

图 3.3 反映了灾害前后技术进步率的变动情况。$A(t)$ 表示技术水平，t 表示时间。灾害发生前，没有其他因素干扰，$A(t)$ 以一个稳定的速率 a 增长，在图中表示为第一段折线。灾害发生后，短时间内投资大量涌入，新的设备取代损坏的旧设备用于加速恢复生产，此时 $A(t)$ 以高于速率 a 的速率 a_r 增长，在图中表示为第二段折线。随着灾后重建完成，经济逐步恢复到灾前增长水平，此时 $A(t)$ 在更高的技术水平继续以稳定的速率 a 增长，在图中表示为第三段折线。

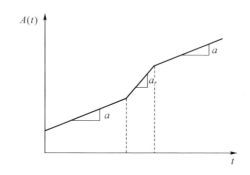

图 3.3　灾害前后技术进步的一般经济学分析

（2）动态分析

由于索洛经济增长模型假定技术是外生的，在分析存在技术进步的经济增长时，首先需要把技术进步引入经济增长模型中。中性技术进步使资本和劳动间的平衡保持不变，进而实现经济的稳定增长，其中哈罗德中性技术进步是指资本产出比不变的条件下，使得利润和工资在国民收入中的分配比率不发生变化的技术进步。只有技术进步是哈罗德中性时，长期平衡增长才是可能的(罗默，2019)。

设技术变量为 A，采用哈罗德中性技术进步的生产函数形式如下：

$$Y = F(K, L \cdot A(t)) \tag{3.13}$$

其中，A 为劳动扩张型技术进步因子，以常数增长率 g 增长，$g = \dot{A}/A$。在索洛模型的均衡增长路径中，劳均产出和劳均资本都是按照外生的技术变化率 g 增长的。在技术进步条件下，索洛经济增长模型的基本方程如下：

$$\dot{k} = s \cdot f(K, L \cdot A(t)) - (n + \delta)k \tag{3.14}$$

进一步，引入新的状态变量 $\tilde{k}$，表示每单位有效劳动的资本数量：

$$\tilde{k} = K/\tilde{L} = K/[L \cdot A(t)] = k/A(t) \tag{3.15}$$

则每单位有效劳动的产出数量为：

$$\bar{y} = Y/\tilde{L} = Y/[L \cdot A(t)] = f(\tilde{k}) \tag{3.16}$$

式(3.14)变为:

$$\dot{\tilde{k}} = sf(\tilde{k}) - (g + n + \delta)\tilde{k} \tag{3.17}$$

因此,在存在技术进步的情况下,新古典经济增长理论中的稳态条件是:

$$sf(\tilde{k}^*) = (g + n + \delta)\tilde{k}^* \tag{3.18}$$

将式(3.18)同时除以人均资本存量 $\tilde{k}$,得到人均资本存量的增长率 $g_{\tilde{k}}$:

$$g_{\tilde{k}} = \dot{\tilde{k}}/\tilde{k} = sf(\tilde{k})/\tilde{k} - (g + n + \delta) \tag{3.19}$$

图 3.4 展示了存在技术进步时灾后经济变动情况。首先回顾没有技术进步时,下图各曲线的变动。灾害发生前,经济依然处于稳态点 A ,此时人均资本存量的增长率为零,人均资本存量为 k_a^* 。灾害发生后,人均资本水平由 k_a^* 下降到 k_{a0} ,经济稳态被打破,此时人均资本存量的增长率 $g_{\tilde{k}}$ 为图 3.4 中 BC 的垂直距离。但如前所述,自然灾害的发生会造成社会储蓄率的提高,$sf(k_a)/k_a$ 上移至 $s_r f(k_a)/k_a$,此时人均资本存量的增长率 $g_{\tilde{k}}$ 为 DC 的垂直距离。

现在考虑技术进步在灾后重建中的作用。在灾后重建的过程中,新的设备取代损坏的旧设备,这种技术替代一定程度上提高了技术进步率,在图 3.4 中表现为水平线 $(g + n + \delta)$ 上移到 $(g_r + n + \delta)$ 。相应地,人均资本存量的增长率 $g_{\tilde{k}}$ 变为 DE 的垂直距离。可以看出,由于技术进步率的提高,增加了有效劳动,因此人均资本存量的增长率 $g_{\tilde{k}}$ 较没有技术进步时要稍微小些($DE < DC$)。

综上所述,存在技术进步时,技术进步率越高,机器设备的更新速度越快,灾后经济恢复重建的效率越高。这充分说明了技术进步在降低自然灾害对经济发展的负面影响、提升生产效率中的重要作用。

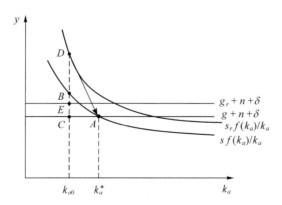

图 3.4 存在技术进步时灾害对经济增长的动态分析

3.2 文献综述

3.2.1 自然灾害与经济发展

灾害问题是全球性问题，也是各国经济发展进程中严峻的现实问题。灾害问题的实质是经济问题，国内外学术界对自然灾害与经济发展的讨论由来已久，产出了大量学术成果和丰富的结论。毫无疑问，大多数自然灾害会对经济造成严重的短期后果，并给人类带来巨大的痛苦，因此大部分研究对自然灾害存在短期负面影响这一结论达成了共识（Chhibber and Laajaj,2008）。然而从经济长远发展来看，如何评估自然灾害的长期后果、应对自然灾害可能对子孙后代产生的长期影响，显然具有较高的科学价值，为此，许多学者对自然灾害的中长期经济影响开展了研究。

经济的发展与增长和灾害一直表现出持久的、相互制约的关系。近年来经济学界对自然灾害的中长期经济影响的讨论主要呈现两个特点。第一个特点是关于中长期经济影响是否存在及其影响方向的争论，已有的研究观点可以归纳为三类：①第一种观点认为根据熊彼特的内生增长理论，增长是由技术变革产生的，而技术变革嵌入了灾后所需的新资本置换之中，因此，自然灾害在中长期会对经济产生整体的积极影响（Aghion and Howitt,1992；Skidmore and Toya,2002）。②第二种观点认为虽然自然灾害存在巨大的直接代价，但是除非自然灾害引发了激烈的政治变革，否则它不太可能对经济增长产生长期影响，或者与新古典主义经济学相一致，这种影响是动态稳定的（Albala-Bertrand,1993；Cavallo et al.,2013）。③第三种观点认为灾后重建是缓慢的，尤其对于发展中国家来说，存在很高的机会成本，比如物质资本和基础设施的破坏、支出增加带来的财政赤字与通货膨胀以及未来潜在自然灾害带来的投资风险等，自然灾害将会在中长期阻碍经济的恢复与发展（Noy,2009）。贾美芹（2013）和闫绪娴（2014）分别利用中国省级面板数据分析灾害损失和经济增长之间的关系，虽然灾后短期内对经济有拉动作用，但长期看社会财富损失的负面影响要高于内需拉动的正面影响。

经济学界对自然灾害经济影响研究的第二个特点是聚焦于重大自然灾害事件，或特定的经济部门。从灾害类型上看，基于不同国别或地区的自然地理和气候特征，台风（或飓风）和地震是较为典型的研究对象（山立威,2011；Caruso and

Miller, 2015; Elliott et al., 2015; Hanaoka et al., 2018)。Deryugina et al. (2018)利用 1999 年至 2013 年间美国个体层面的税务数据,全面评估了卡特里娜飓风对受灾民众的短期影响与长期恢复情况,结果显示,卡特里娜飓风冲击的影响持续时间越长,经济和福利损失就越大,相应地,公共基建措施(如投资修建更坚固的堤防)带来的收益也就越大。从经济部门上看,对发达国家的研究侧重于考察经济细分部门(比税收、房地产等),或进一步探索经济运行的内在机制(技术进步、移民行为等)(Hallegatte and Dumas, 2009; Bunten and Kahn, 2017)。Boehm et al. (2019)将 2011 年日本东北地震和海啸作为外生冲击,从结构上估计了企业层面的生产弹性,为跨国公司在自然灾害等跨国冲击传播中的作用提供了因果证据。而对以中国为代表的发展中国家的许多研究则聚焦于自然灾害对农业部门的影响(马九杰等,2005; Ito and Kurosaki, 2009)。卢晶亮等(2014)分析了汶川大地震对农户家庭收入和消费的影响,发现地震造成农户收入下降,但劳动力向非农部门流动可以有效降低地震对收入的负面影响。

3.2.2 农业气象灾害的测度

准确量化农业气象灾害强度、构建农业气象灾害指数,是评估农业气象灾害经济学影响的前提和基础。由于农业气象灾害主要指对农作物产量不利的气象灾害,因此从判定指标的角度来看,农业气象灾害通常与一般气象灾害的测算方法类似。概括来说,国内外研究中已有的度量方法主要归类于以下两种:基于经济数据和基于气象数据的农业气象灾害强度指标测度方法。

(1)基于经济数据的农业气象灾害测度

随着全球极端气象灾害事件发生的频率和强度加强,气象灾害对人类经济活动的负面影响和财产损失也日益增加,人们逐渐认识到了灾害相关经济数据的收集与分析对防灾减灾的重要作用。鉴于此,许多基于经济统计数据的灾害数据库在世界范围内应运而生,其中由灾害流行病学研究中心(CRED)与世界卫生组织(WHO)共同构建的 EM-DAT 灾害数据库最全面和最具有国际可比性。EM-DAT 数据库包含了从 1900 年至今世界上超过 22000 次大规模灾害的发生和影响的基本核心数据,该数据库的来源广泛,包括联合国机构、非政府组织、保险公司、研究机构和新闻机构等。大量国外研究使用 EM-DAT 数据库提供的各项灾害指标来量化灾害的强度或严重性(Delbiso et al., 2017; Loenhout et al., 2018; Mehrabi et al., 2019)。Fomby et al. (2013)利用 EM-DAT 数据库分析干旱、洪水、地震和风暴等四种自然灾害在不同维度上的异质效应。第一,自然灾害对发展中国家的影响大于对发达国家的影响;第二,并非所有的自然灾害都能对经济增长产生相同的影响，有些甚至能对经济增长产生积极影响；再次，重大灾害的影响往往比中度灾害严重得多；最后，应对增长的时机因自然灾害类型和经济活动部门的不同而存在差异。除了大型灾害数据库，还有一些国外文献利用本国政府部门更加精细的灾害资料，专注于分析灾害对本国经济活动的长期影响（Boustan et al.，2012；Kocornik-Mina et al.，2020）。Boustan et al.(2020)从美国联邦紧急事务管理署（FEMA）收集了近一个世纪美国县级层面自然灾害统计数据，并将这些年度灾害事件按十年的水平进行汇总，以调查自然灾害对当地经济各方面的影响。

　　国内研究在经济数据的选择上主要有宏观统计数据和微观调研数据两大类。一方面，基于宏观统计数据测度农业气象灾害的研究大多使用面积法构造灾害强度指数，即收集农作物受灾面积、成灾面积、绝收面积等经济社会数据，计算成灾率等指标，进而估算灾害经济损失并作为灾害强度的衡量指标（肖大伟和陈志钢，2012；刘晓敏和王慧军，2014；洪名勇等，2016；孙良顺，2016；赵映慧等，2017）。冯相昭等(2007)使用成灾面积评估干旱、水涝和热带气旋三种极端气候事件对农业生产造成的直接经济损失。赵建军和蒋远胜(2011)聚焦于水旱灾害，定量分析气候变化对我国农业受灾面积的影响。龙方等(2011)使用受灾面积、成灾面积和作物播种面积三个基础指标分别计算稻谷洪涝、干旱和其他灾害的成灾率与受灾未成灾率，进而评估中国稻谷产量变化与自然灾害的关联性。类似地，陈卫洪和谢晓英(2013)也使用上述三个指标计算气候灾害发生强度和影响强度（即气候灾害发生强度＝受灾面积/作物播种面积，气候灾害影响强度＝成灾面积/受灾面积），用以衡量气候灾害的灵敏度。

　　另一方面，许多文献选择微观调研数据进行农业气象灾害的研究，即通过实地调查的方式询问农户与农业气象灾害相关的经历以及受灾情况，进而收集农户和村庄的经济统计数据。由于国内主流微观经济数据库关于气象灾害的可用变量有限，大多数研究采用自主设计问卷调研的方式度量农业气象灾害强度（陈风波等，2005；严奉宪等，2014；杨浩等，2016；张露等，2017）。李美佳等(2022)通过面对面访谈的方式，抽样询问吉林、江苏和四川三省农户2018年受灾经历，进而测度受灾农户对洪涝、干旱和风灾等气象灾害的响应情况。也有少部分研究使用国内经典微观数据库研究农业气象灾害相关问题（张龙耀等，2019）。吴雪婧等(2022)基于2010和2014年中国家庭追踪调查（CFPS）数据，分析自然灾害对农户贫困脆弱性的影响。

　　(2)基于气象数据的农业气象灾害测度

　　综合上一小节的梳理可以看出，虽然基于经济数据的农业气象灾害测度为进一步估计灾害的经济影响带来了一定的便利条件,但仍存在一些缺陷:首先,对于许多事件来说,死亡或受影响的人数以及经济损失的数据都没有报告,而且很难核实这些数据是否缺失;其次,大部分数据来自不同数据源,会出现度量错误或时间偏差;最后,由于经济损失的数量可能与相应时期的增长率相关,因此对经济损失的估计可能是内生的(Loayza et al.,2012)。

针对上述问题,一些国外学者利用外生的地球物理或气象数据库量化灾害的强度(Elliott et al.,2019;Deryugina and Molitor,2020)。Felbermayr and Gröschl(2014)收集了包含了地球物理学家或气象学家从1979年到2010年所记录的地震、火山爆发、风暴、洪水、干旱、极端温度等全球自然灾害的物理强度信息,以此建立灾害事件及其强度的GeoMet综合数据库,分析自然灾害对人均GDP的影响。这篇文章的贡献之一在于将使用气象资料建立的GeoMet数据库与传统的灾害数据库报告的结果进行比较,结果显示,从保险数据或新闻中获得的灾难信息(例如EM-DAT数据库)并不适合进行因果分析,原因在于这些数据可能存在选择偏差,即要列入灾害的概率是由受灾国家的人均国内生产总值决定的,而且货币灾害强度指标与受灾国家的人均GDP相关,这些特征使得自然灾害对人均GDP的回归可能导致估值出现上行偏差。在GeoMet数据库的基础上,Felbermayr et al.(2020)进一步完善外生灾害数据库的构建,使用全球 $0.5° \times 0.5°$ 气象网格数据,构建洪涝、干旱、冷害和风暴四种天气异常指数,并与衡量区域经济水平的夜间灯光数据相结合,研究天气异常对当地经济活动的影响。

基于气象数据的国内研究大多集中在气象学领域,主要针对单种气象灾害展开研究,已经形成较为完备的体系。例如,根据世界气象组织的统计,常用的干旱指数高达55种(王劲松等,2012;刘宪锋等,2015)。然而在农业经济学领域,基于气象数据构建灾害指数的国内现有研究非常有限。部分研究聚焦于农业保险领域,讨论农业灾害保险的设计与应用。聂荣和宋妍(2018)首先选择降水距平百分率(DI)构建干旱指数,并用辽宁省14个地市的玉米面板数据拟合气象指数产量,进而设计以基准产量为赔付标准的玉米天气指数保险合同。许玲燕等(2018a、2018b)分别使用降水距平百分率(DI)和标准化降水蒸散指数(SPEI)两种基于农作物生长季的干旱指数,以云南省夏玉米为研究对象构建农业巨灾期权定价模型,并进一步设计干旱指数巨灾期权的交易机制。此外,个别国内研究也从农业生产视角探讨了外生的农业气象灾害指数对作物产量的影响。陈玉萍等(2009)以湖北、浙江和广西三省区的水稻为研究对象,探讨南方干旱对水稻生产的影响,在干旱指标选择上,使用当期降雨量与长期降雨量的偏差来定义干旱,具体为如果当期降雨量与长期降雨量的偏差为负值,且这种不足大于或等于 20%,可以定义为干旱事件。陈帅等(2016)以中国县级数据库的水稻和小麦为研究对象,探讨气候变化对中国粮食生产的影响,在气象指标选择上,将连续 3 天及以上的日最低气温在 0℃ 以下定义为一次低温冻害事件,将连续3 天及以上的日最高气温在 40℃ 以上定义为一次高温热浪事件。

3.2.3　农业气象灾害对农业生产的影响

传统的气候变化课题一般属于自然科学领域,但随着气候变化对全球自然系统和人类社会的影响日益深刻,气候变化对经济系统的影响不容忽视。气候变化经济学基于经济学视角,探讨气候变化与经济发展之间的关系,特别是应对气候变化引起的经济学问题。从研究内容上看,气候变化经济学理论涵盖众多经济学传统分支学科,主要包括固碳减排技术成本、碳汇交易等环境经济学问题,能源替代和能源价格波动等能源经济学问题,极端天气事件频发导致的气象灾害对经济增长冲击等灾害经济学问题,气候变化引起的产业转型带来的社会福利与就业变化等发展经济学问题,以及应对气候变化的国际代际公平的挑战和全球治理等政治经济学问题。基于此,气候变化成为全球性的具有长期影响的重要议题,将气候变化经济学理论从其他经济学分支剥离出来,并不断发展完善,具有非常高的理论价值。

气候变化经济学理论起步较晚,最早始于 20 世纪 70 年代。20 世纪 90 年代后,气候变化经济学理论体系针对应对气候变化的经济含义、减排措施和成本收益等问题经历了长时间的争论,逐渐形成了两类观点:一是以 William Nordhaus 为代表的"保守派",他们既承认气候变化对经济发展的危害,但又主张采取循序渐进的方式推进减排方案,尤其对发展中国家来说,应制订与经济发展水平相匹配的减排计划(Nordhaus,1992);二是以 Nicholas Stern 为代表的"激进派",他们认为现有的气候变化经济评估模型大多低估了气候变化的风险,主张各国采取强有力的减排措施以应对未来日益加剧的气候变化风险(Stern,2006)。随着气候变化问题的复杂性提升,越来越多的学者认识到仅靠单一经济体或采用单一气候经济分析模型远远不够,因此近年来气候变化经济学理论的研究重点在于气候变化经济影响的集成评估,更加关注国际和区际的减排合作,寻求人与自然和谐共处的新气候变化经济学。

农业是最易受自然气候影响的经济部门,近年来农业气象灾害发生的频率和强度明显增强,更是给农业生产带来极为严峻的挑战。究其原因,农业气象灾害事件频发与全球气候变化的大背景密不可分,因此许多学者特别关注气候变化对农业生产的影响。一般来说,该课题属于农学、气象学和经济学的交叉领域,但由于学科差异,不同领域的学者对这一问题的研究方法有所不同。农学和气象学主要采用实验模拟的方法,即通过精准控制实验室内的气候条件模拟作物生长的全过程,进而根据实验采集的数据判断气象条件变化对农业生产的影响。虽然实验方法对各因素的控制更加精确,但没有考虑到农户的干预与适应行为对农业生产的影响。经济学基于理性人的假设,把农业生产的投入产出成本纳入考量,利用多年实际观测的气象数据和社会经济统计数据,同时考虑人类的行为反应,从而增强了研究结论在社会经济运行方面的解释力。概括来说,基于气候变化经济学和农业经济学双视角,国内外研究主要从研究对象的演化和作用机制的分解两方面不断发展完善。

(1)研究对象的演化

早期的文献使用土地价值和李嘉图模型(The Ricardian Model)来分析气候变化的影响(Schlenker et al.,2006;Seo and Mendelsohn,2008;Lippert et al.,2009;Massetti and Mendelsohn,2011)。Mendelsohn et al.(1994)率先使用李嘉图模型并利用美国县级横截面数据,通过回归气候变量、土壤质量和社会经济变量估计气候变化对农业的影响。李嘉图模型假设在竞争激烈的土地市场中,因气候变化而产生的农场利润应反映在土地价值上。Wang et al.(2009)基于中国 28 个省份 8405 户家庭的调查数据,使用李嘉图模型探讨了全球变暖如何影响中国的农业,结果表明,全球变暖可能对旱作农田有害,但对灌溉农田有利,短期来看这种影响只会造成轻微的伤害,但随着时间的推移,损害会越来越大。

虽然李嘉图模型是预测气候变化对农业经济影响的一种实用工具,但其结果不能分解为对特定作物的影响,而且由于无法进行因果识别,它的整体可靠性受到了挑战(Darwin,1999;Mendelsohn and Nordhaus,1999;Schlenker et al.,2005;Deschênes and Greenstone,2007)。近年来,文献中关于农业气象灾害对作物产量的影响,通常指的是对单产或产值的影响(Wheeler and Braun,2013;侯麟科等,2015)。Lesk et al.(2016)量化了 1964—2007 年干旱、洪水和极端温度等极端气象灾害对全球作物生产的影响,研究表明,干旱造成的生产损失与收获面积和产量的减少有关,而极端高温主要降低了谷物产量,但并未捕捉到洪水和极端低温的影响。Gould et al.(2020)聚焦于沿海洪水对英国农业的经济影响,在整合现有的洪水模型、卫星获取的作物数据、土壤盐分和作物特性等资料的基础上,评估了长期以来盐分对农业生产力的损害,研究表明,沿海地区的防洪政策需要考虑土壤盐分对农田的长期影响。

关于研究数据的选择,早期基于李嘉图模型的研究通常使用横截面数据,然而由于该方法存在潜在的遗漏变量问题，可能导致结果偏误（汪阳洁等，2015），近年来大部分研究采用面板估计的方法评估气候变化背景下农业气象灾害对作物产量的影响。使用面板固定效应模型不仅可以控制灌溉等因素的影响，还能很大程度上解决遗漏变量的问题（Schlenker and Roberts，2009；Lobell et al.，2011）。根据所使用的数据，面板估计可分为两类：第一类使用可公开获得的宏观农业数据，其中最典型的是县级数据。Chen et al.(2016a)使用中国县级数据发现气候变化与玉米和大豆两种粮食作物的单产之间存在"倒 U 形"的非线性关系，并预计到本世纪末气候变化对两种作物的负向影响将进一步加剧。第二类研究利用农户、农场或田间的记录提供的微观农业数据。Welch et al.(2010)使用 6 个亚洲重要水稻生产国 227 个集约管理的灌溉水稻农场的微观数据，对处于热带/亚热带的亚洲水稻进行了面板估计，发现由于气候变暖，未来几十年水稻的产量将会下降，而且在研究气候变化对亚洲灌溉水稻的影响时，必须考虑气温的日变化。

（2）作用机制的分解

近年来，随着各地农业投入组合更加多样化，对气候变化背景下农业气象灾害如何影响农业产出的内在机制分析重要性凸显，但大多数文献侧重于估算气候变化对农业产出的直接影响。Hertel and de Lima(2020)对现有评估气候对农业和粮食系统影响的文献进行了批判性综述，他们认为之前的研究很大程度上忽视了气候变化对农业的绝大多数潜在经济影响，必须将影响分析扩展到土地以外的投入，包括气候变化对劳动生产率以及购买中间投入等因素的影响。早期研究发现在农户层面通常将劳动力供给变化视为应对灾害冲击的措施（Mueller and Osgood，2009；Mueller and Quisumbing，2011）。Rose(2001)测试了印度农村农户劳动力供给对天气风险的事前和事后反应，面临降雨分布风险的家庭更有可能参与劳动力市场。Ito and Kurosaki(2009)发现面对天气风险时，非农劳动力供给的份额随着天气风险的提升而增加，而且其增加幅度远大于农业工资的增加幅度。

除了以劳动力为代表的投入要素组合，气候变化对农业产出增长驱动力的相关研究，尤其是对农业全要素生产率增长率的影响在很大程度上被忽视了。Ruttan(2002)指出农业生产率的比较研究已经从过去针对单要素生产率的衡量，到主要针对全要素生产率（TFP）的衡量。虽然单要素生产率只考虑一种投入，相对易于计算，但另一方面，全要素生产率考虑了所有的投入，能够更好地衡量农业部门的技术进步和技术效率（Gong，2020）。尹朝静等(2016)重点考察了气候变化与农业科研投入对农业全要素生产率增长的影响，发现气温升高对农业全要素生产率增长的影响存在明显的地域差异。Chambers and Pieralli (2020)使用增长核算法研究美国各州 TFP 增长和气候之间的相互作用,在构建生产前沿的基础上将农业 TFP 增长分解为四个组成部分:技术变化、前沿上与气候相关的变化、投入/规模效应和对前沿的适应性。实证结果表明,技术变迁和对前沿的适应性是决定国家平均全要素生产率的重要因素,而气候相关影响存在空间差异,这在美国中西部地区尤为重要。

然而从文献发展来看,目前关于气候变化背景下农业气象灾害对农业生产的作用机制研究仍然有限,仅有少数研究考虑到农业生产的内在影响机制,将农业产量变化分解为 TFP 的变化和其他投入的变化,进而分析气候变化如何通过对全要素生产率和投入利用的分配来影响农业产出。Aragón et al. (2021)利用秘鲁微观农业数据研究了传统农民如何应对极端温度,结果表明,极端高温事件降低了农业生产率,但增加了种植面积,并改变了作物组合,这些发现与农民将生产调整(如投入使用的变化)作为缓解极端高温对产出影响的短期机制相一致。Chen and Gong(2021)利用中国 35 年的县级面板数据,评估了气候变化如何通过各种渠道影响农业的内在作用机制,结果表明,在短期内,极端高温对中国农业全要素生产率和劳动力等投入要素存在显著的负向影响,对以产量衡量的农业产出有更大的负向影响。

3.2.4 农业气象灾害的适应性

前文围绕气候变化背景下农业气象灾害对农业生产的影响,主要考察了面对农业气象灾害冲击时农作物产出与投入要素组合的短期变化,这类研究的重点并不在于考察农民的中长期适应性行为。在人类系统中,适应被定义为对实际或预期的气候及其影响进行调整的过程,以减轻危害;在自然系统中,适应是对实际气候及其影响进行调整的过程,人为干预可能会促进这一点(IPCC,2022)。气候变化适应性的研究是气候变化研究领域的经典议题,随着全球极端气象灾害事件发生频率猛增,关于气象灾害的适应性研究日益受到学者们关注。

在农业生产端,经济学研究基于理性人的假设,即农户始终遵循效用最大化原则应对气象灾害。在该假设之下,当农户面对农业气象灾害冲击时,首先会考虑气象灾害的严重程度、会不会对农业生产带来负向影响,然后判断是否需要采取行动、选择何种适应性措施以应对灾害,最后关注适应性措施采用的效果如何、能否降低灾害带来的负面影响以实现稳定增产增收。基于研究视角和数据选择的不同,现有文献主要从微观层面的适应措施选择和宏观层面的适应情况估计两个方面展开研究。

(1)微观层面的适应措施选择

根据 Smit et al.(2000)提出的气候变化适应性分析框架,微观层面的适应措施主要包括三个方面:适应什么、谁去适应、怎么适应。在农业生产端,农户作为作物生产的微观主体,适应行为通常是由农户直接发起的,因此学术界关于农户对农业气象灾害的适应性研究主要是通过田野调查、实地访问等方式,考察农户对农业气象灾害的直接响应及措施,从而形成一种"从下往上"的研究逻辑。具体来看,微观层面的适应性研究一般从以下两个方面展开:一是在农业生产中选择适应性措施的影响因素;二是采用适应性措施的效果评价。

影响农户采用适应性行为的因素有很多,首先是自然因素,即耕地规模、地块地形、土壤类型等耕地特征会直接影响农户的适应性措施(Teklewold et al.,2013;Asfaw et al.,2016)。吴春雅和刘菲菲(2015)发现耕地地形较崎岖且获得政府扶持的农户更加愿意花费精力投资灌溉排水系统,以应对洪涝风险。其次,农户的社会经济特征和风险认知能力也会影响适应性措施的采用(Bohensky et al.,2013;Abdulai and Huffman,2014;赵雪雁,2014)。吕亚荣和陈淑芬(2010)利用在山东德州296位农民的问卷调查资料发现,性别、受教育程度和家庭人均收入等指标对农民有关气候变化的认知结果影响显著。侯玲玲等(2016)发现低收入农民对极端干旱事件更敏感,但富有农户更倾向于采用投资成本较高的工程性适应措施。最后,地区的社会经济特征和政策制度是农户采用适应性措施的重要影响因素(Thomas et al.,2007;Chen et al.,2014;Song et al.,2018)。Deressa et al.(2009)研究了埃塞俄比亚尼罗河流域农民适应气候变化的主要方法、影响因素以及适应障碍,其中适应方法主要包括使用不同的作物品种、树木种植、土壤保持以及灌溉等,家庭特征和获得延期信贷的机会影响农民的适应决策,而缺乏关于适应方法的信息和财政限制是当地农户适应气候变化的主要障碍。张紫云等(2014)采用 Logit 和 Probit 模型发现农户应对冻灾时采用的适应性措施受政策环境、村庄特征等多种因素综合影响。

关于农户采用适应性措施的效果评价,学术界一般从以下三个方面展开研究。首先,评估采用适应性措施对农业产出的影响(Di Falco and Chavas,2009;Di Falco et al.,2011)。Wang et al.(2014)和 Huang et al.(2015)都聚焦于稻农如何调整他们的农场管理实践以应对极端天气事件,基于对中国1653名稻农的调研,模拟了适应性及其对水稻产量的影响,其中包括适应性调整和非适应性调整。研究表明通过农场管理措施进行适应可以显著提高水稻产量,并降低水稻产量下降风险。其次,关注采用适应性措施对农户的收入和消费等方面的影响(Foudi and Erdlenbruch,2012;田素妍和陈嘉烨,2014)。冯晓龙等(2016)基于全国 4 个苹果主产省实地调研数据,发现种植户适应性行为对收入的影响程度最大且存在正向的空间溢出效应。最后,考察不同适应性措施的采用效果,其中大部分研究聚焦于灌溉措施的施用效果(Finger et al.,2011;Marshall et al.,2015)。陈煌等(2012)基于中国 7 省实地调研数据,发现大中型水库、水池和水泵的抗旱作用显著高于河流引水渠道。宋春晓等(2014)发现极端天气显著影响小麦生产灌溉用水效率,正常年农户小麦灌溉用水效率普遍高于受灾年。杨宇等(2016)基于中国 9 省实地调研数据,利用两阶段模型评价农户采取农田管理适应措施的效果,研究发现,极端干旱事件的发生对农户的农田管理生产决策和生产风险产生显著的影响,农田管理适应性行为的采用是多种因素综合的结果,需要农户、政府等各部门各司其职,以应对农业灾害风险。

(2)宏观层面的适应情况估计

针对普通面板数据估计对农户适应性行为考虑不足的缺点,许多研究基于现有宏观数据(县级数据、网格数据等),通过在计量思路上的创新,考察长期气候变化和极端天气事件对农户适应性行为的影响(Mérel and Gammans,2021)。Kelly et al.(2005)在土地利润函数中同时加入代表长期气候变化和短期天气冲击的变量,并利用 1976—1997 年美国中西部 5 个州县级数据,研究发现气候变化的调整成本是年土地租金的 1.4%,这反映了农户的调整与适应能力。在此基础上,Burke and Emerick(2016)提出了一种新的估计方法——长期差异模型(The Long Differences Approach),将面板模型估计的短期影响与长期差异模型估计的长期影响进行比较,如果短期影响被长期抵消,就可以观察到气候变化的适应性,他们利用了这种变化,通过长期差异(LD)线性回归框架估计了热量对美国作物产量的影响。而 Chen and Gong(2021)进一步利用该方法,使用中国 35 年的县级面板数据,评估了气候变化如何通过各种渠道影响农业的长期适应机制,结果表明,长期适应性反应部分抵消了极端高温对全要素生产率的短期影响。此外,从长期来看,由于劳动力、化肥和机械等投入要素的调整更加灵活,气候适应在更大程度上减轻了农业产出损失。

在农业生产端,近年来许多研究聚焦于气候变化背景下作物种植结构和生长期的调整(Ortiz-Bobea and Just,2013;Cui,2020)。Kawasaki(2019)认为气候变化为另一种适应策略——双季种植提供了机会,日本水稻和小麦的实证研究表明,温暖的气候使许多地区能够通过缩短小麦生长季节的长度和推迟水稻种植的最佳时机,从水稻单作制度转向稻麦两熟制。因此,适合双茬种植的面积增加了近两倍,这表明有很大的潜力抵消气候导致的生产和利润损失。Jagnani et al.(2021)利用肯尼亚玉米种植户的面板数据,发现生长季节早期的高温增加了农药的使用,同时减少了化肥的使用,农户会根据季节内的温度变化调整农业投入,进行防御性投资以减少温度升高对农业生态的不利影响。Cui and Xie (2022)使用 1993—2013 年中国作物的站点数据,研究发现生长季节调整中的适应性行为可以导致到本世纪末种植日期提前 2—6 天,生长季节再缩短 3—6 天。这些调整可以避免高达 9% 的由气候变化造成的作物损失,在未来气候条件下,对生长季节进行最优的重新安排可以大大减少产量损失。

与前文通过实地调研直接评估微观层面农户适应性情况相比,基于宏观经济社会数据或气象遥感数据的研究可以减少收集数据的误差,一定程度上避免了农户采用适应性措施带来的内生性问题,从而扩展研究范围,形成一种"自上而下"的研究逻辑。

3.2.5　文献评述

当前,国内外学术界针对全球变暖对农业生产 影响已有诸多研究,大量研究表明全球变暖对农业生产的影响有利有弊,反映的是一种长期变化。然而,与全球变暖相比,极端天气气候事件对农业生产的制约作用显然更大,但当前聚焦于极端气象灾害的研究稍显不足。本书正是基于现有研究的不足,继续深入开展农业气象灾害对中国农业生产影响的相关研究。

在研究对象上,现有农业气象灾害的研究主要着眼于某一类灾害,分别研究干旱、洪涝、极端天气等气象灾害对农业生产的影响;还有一些研究聚焦于某一次重大气象灾害事件,比如国外有许多文献长期跟踪美国 2005 年卡特里娜飓风事件给社会经济各部门带来的影响。农业气象灾害对农业生产的影响是复杂的,农作物生长过程中不单是受一种灾害或一次灾害事件的影响,更可能的是受多种气象灾害共同作用的结果的影响。可以看出,现有研究缺乏对农业气象灾害的全局性思考。另外,从气候变化经济学的角度看,大多数研究通过构造有效积温等温度变量来测度气候变化尤其是全球变暖对农业生产的影响,这反映的是一种长期温和的变化。少有研究将气候变化的作用上升到气象灾害强度,进而考虑极端温度或异常降水的冲击,这有可能在一定程度上造成对农业生产影响的低估。

在研究数据上,现有文献尤其是国内研究多选择基于社会经济数据衡量农业气象灾害强度。这些研究大多使用面积法构造灾害强度指数,即收集农作物受灾面积、成灾面积、绝收面积等经济社会数据,计算成灾率等指标,进而估算灾害经济损失并作为灾害强度的衡量指标。然而,这种权重赋值法具有较大的主观性,而且由于经济损失的数量可能与相应时期的增长率相关,使用受灾面积衡量灾害强度无法完全排除社会经济因素的影响,存在较强的内生性问题。另外,大多数农业气象灾害的适应性研究使用的是样本量较为有限的微观调研数据,这虽然可以直观反映农户的个人特质和适应性行为选择,但在生产端很难捕捉到作物种植结构变化以及农业生产的边际影响。而且当前国内针对农业气象灾害的大型微观调研还比较缺乏,现有研究所使用的微观调研数据在研究区域和样本数量上有限,与宏观统计数据相比,其研究代表性不足,估计结果的准确性容易受到影响。

在研究内容上,探讨农业气象灾害对农业生产的影响一直是农学和气象学等自然科学学科的研究热点,但这些研究缺乏对人类调整与适应行为的关注。从经济学角度看,农业气象灾害对农业生产的影响显然不止于产量的变化,还在于对影响机制的探讨。通过构建计量模型测算某一种或几种投入要素数量的增减,进而发现农业生产效率的变化和潜在的要素替代,最终捕捉农户的经济行为和决策,这类聚焦作用机制的研究还比较缺乏。另外,大多数文献都是基于对短期反应的估计值来衡量气象灾害对经济结果的影响,而没有考虑到从长远来看可能减缓短期反应的适应行为,在中宏观层面尤其是短期影响与长期差异的比较上缺乏有效的实证研究。

3.3　本章小结

本章首先构建了与后续实证研究密切相关的灾害经济宏观研究框架,然后全面回顾国内外学术界关于农业气象灾害对农业生产的影响,最后对现有研究进行总结评述。

在研究框架部分,本章以新古典经济增长理论为基础,使用索洛经济增长模型分析灾害发生后影响经济发展的各要素的变动情况,并归纳其中的规律,尤其关注存在技术进步时灾害对经济发展的影响。自然灾害对经济发展的影响是复杂和不确定的,影响经济发展和经济增长的要素还有资源要素、技术要素、劳动力要素、资本要素等,任何一种要素都能够对经济发展产生促进或阻碍作用。综合来看,当存在技术进步时,技术进步率越高,机器设备的更新速度越快,灾后经济恢复重建的效率越高。这充分说明了技术进步在降低自然灾害对经济发展的负面影响、提升生产效率中的重要作用,为后文的实证分析提供了有力的理论支撑。

在文献综述部分,本章从以下四个方面全面梳理国内外学术界的相关研究:

①自然灾害与经济发展的关系；②基于经济数据和气象数据的气象灾害测度方法；③基于研究对象与作用机制的气象灾害对农业生产影响研究；④基于微观和宏观层面的农业气象灾害适应性评估。虽然已有诸多研究聚焦于农业气象灾害对农业生产的影响，但仍存在不足之处：首先，在研究对象上，现有农业气象灾害的研究主要着眼于某一类灾害或某一次重大气象灾害事件。其次，在研究数据上，现有文献尤其是国内研究多选择基于社会经济数据衡量农业气象灾害强度。最后，在研究内容上，探讨农业气象灾害对农业生产的影响一直是农学和气象学等自然科学学科的研究热点，但这些研究缺乏对社会经济因素的考虑。这些不足之处有待于在后文的实证部分进行补充完善。

4 研究周期内中国农业生产特征分析

改革开放以来,中国农业发展取得了举世瞩目的成就。本章旨在从宏观角度概述研究周期内中国农业生产的发展情况,为后面章节的实证分析打好基础。本章内容安排如下:4.1 小节梳理改革开放后中国农业政策改革的历史进程,并划分出研究周期内我国农业生产的五个发展阶段。4.2 小节从农业产出角度概述研究周期内中国农业产出的总体情况及主要农作物的产量变化情况。4.3 小节从农业投入角度概述研究周期内中国农业各投入要素的总体情况、主要农作物的播种面积变化以及我国农田水利建设情况。4.4 小节为本章小结。

4.1 中国农业政策改革的历史演进

改革开放以来,一系列以市场为导向的根本性改革极大地重塑了中国的农业生产。参考 Brümmer et al. (2006)、Zhang and Brümmer(2011)和 Gong (2018)等对中国农业改革进程的相关研究,本书将改革开放后中国农业政策改革的历史进程分为 6 个阶段:1978—1984 年、1985—1989 年、1990—1993 年、1994—1997 年、1998—2003 年和 2004—2015 年。

第一阶段(1978—1984 年)侧重于家庭联产承包责任制的引入和农产品国家收购价格的调整(Lin,1992;Fan et al.,2002)。随着人民公社制度被废除,家庭联产承包责任制在大部分农村推广,这种以家庭为基础的制度赋予农民在履行政府采购配额的前提下自主生产的自由。在此期间,除了减少配额数量和提高采购价格外越来越多的农产品逐步退出政府采购计划,自由市场和集市逐渐开放并成为剩余农产品的出口,即国家采购配额完成后,大部分农产品可以在相对放松管制的地方市场以高于配额价格进行交易。上述举措成效明显,到 1983 年底,中国 98% 的生产队采用了家庭联产承包责任制(Lin,1995);到 1984 年,12 种最重要的农作物和牲畜产品的国家市场份额下降到 91%,极大地提高了这一时期的农业产出与生产率。

第二阶段(1985—1989 年)旨在进一步放开国家的农业定价和营销体系，即农产品价格和数量部分由市场机制决定。这一时期存在着市场和中央计划并存的双重体系。一方面，政府下调了粮食等主要产品的配额以上价格，并建立了配额以上价格加权平均的新定价体系，与此相对应，实行协商收购合同制度，即农民在种植前与政府协商并签订收购合同，但合同以外的产量可以在农村市场自由交易。但另一方面，粮食、油料作物和棉花等重要大宗商品交易仍受国家价格管制或采购配额规则的约束。因此，这一时期农业政策的调整频繁发生，有时有利于市场自由化，有时也会影响之前取得的成果，由此导致的产出增长放缓引发了人们对新的采购和定价体系的质疑。

第三阶段(1990—1993 年)进一步改革了统购统销制度。政府在粮食部门实施了一系列改革，旨在逐步淘汰旧的中央计划收购和供应制度，采用更加市场化的解决方案。例如，实行粮食购销均价，取消对城镇居民的粮油价格补贴等。此外，以前由中央政府安排的地区间粮食转让现在由省级政府之间的合同制度取代。在农业投入方面，政府改革了投入供应体系，取消了补贴，允许私营企业向农业生产者提供投入。上述举措成效明显，受国家采购计划约束的商品数量从 1985 年的 38 种下降到 1991 年的 9 种，到 1993 年，超过 90% 的农产品以市场决定的价格出售(Fan et al.，2002)。然而，由于区域市场的分割和国内市场的孤立，市场改革并未完全完成，对某些农产品(粮食、棉花和油料作物等)的价格和数量控制仍然存在。

第四阶段(1994—1997 年)的大多数改革都集中于重新实现自给自足的目标。1992 年，一些地方放开了粮食市场的收购和零售价格，结束了全国粮食统购统销制度。但是，1993 年底某些区域的粮食价格出现上涨过快的现象。基于此，为了平衡地方粮食供需、促进区域自给自足，1995 年粮食省长负责制正式提出，由省领导最终负责维持粮食供需的整体平衡。粮食省长负责制加剧了地方政府对粮食市场的干预，造成了省内和省际之间农业资源的错配(龚斌磊和张书睿，2019)，但也结束了对粮食生产的集中控制，从而实现了因地制宜发展粮食生产。在价格政策方面，这一时期也出现了政策波动，一方面为了增加农民收入和实现粮食安全目标，政府在 1994 年将粮食采购价格提高了 40%，1996 年又提高了 42%，缩小了采购与市场价格差距，刺激了农业生产。而到了 1997 年，由于连续两年大丰收，市场价格跌破了收购价，为此中央政府又出台了价格扶持政策，并制定了粮食价格扶持标准，以保护粮食生产者的利益。此外，土地合同的延长和农民对土地使用权的认知加深也刺激了更多的土地投资(Lambert and

Parker,1998)。

第五阶段(1998—2003 年)可以看作是农村发展与整体经济改革相结合的过渡时期。面对粮食收销体制存在的一系列问题,包括粮食库存过度增长造成的沉重财政负担和国有粮食企业的巨额债务,政府在 1998 年实施了新一轮的粮食收销改革,具体为"三项政策、一项改革",即按保护价敞开收购农民余粮政策、粮食收储企业实行顺价销售政策、粮食收购资金封闭运行政策,以及加快国有粮食企业自身的改革。在此期间,政府不断调整粮食改革政策,并于 2001 年最终取消了配额采购制度,同年中国加入世界贸易组织(WTO),农业保护政策进一步减少。到这一时期末期,中国大部分地区都建立了粮食自由市场。

第六阶段(2004—2015 年)出台的政策更为多元化,聚焦于"三农"(农业、农村和农民)问题的各个方面。在税收方面,农业税改革从 2000 年开始试行,2004年开始在中国农村逐步推行,2006 年 1 月 1 日起,全面废除了农业税,标志着中国实行了 2600 多年的传统税正式退出历史舞台,实现了从对农业征税到支持农业的根本转变。2004 年中央一号文件强调农村改革,旨在提高农业生产能力,增加农民收入。此后每一年的中央一号文件均聚焦于"三农"问题,主要政策方针集中在增加农民收入、缩小城乡差距、提高农业生产能力、维护粮食安全、改善环境可持续性以及整合城乡经济和社会发展等各个方面,不断完善农村改革的综合框架。

回顾改革开放后农村改革的历程,每个阶段都有不同的政策重点。虽然从研究对象来看,本书更为关注应对农业气象灾害相关政策的历史进程,但基于对改革开放后中国农业政策的梳理可以发现,与灾害相关更具针对性的应对措施一般会包含在政府出台的一揽子农业政策中,因此通常难以细化并形成有代表性的历史阶段。更加值得注意的是,虽然有些时期由于政策上的摇摆使得中国农业产出增长出现一定程度的放缓或波动,但纵观整个农村改革历程,这些政策无疑为确保农业稳产增产、农民稳步增收、农村稳定安宁做出了巨大贡献,从而全方位提升了面对气象灾害等外生冲击时中国农业生产的发展韧性。基于此,结合本书的实际数据情况,本书后续部分参考上述政策演进过程,将 1981—2015 年整个研究周期分为 5 个时间阶段(1981—1989 年、1990—1993 年、1994—1997 年、1998—2003 年以及 2004—2015 年),并进一步探讨研究结果的时间阶段差异。

4.2 中国农业产出情况

4.2.1 总体产出情况

图 4.1 展示了研究周期内中国农业总产值的变化情况,为了便于比较,以 1990 年不变价格表示。总体上看,1981—2015 年呈上升趋势,但在不同时间阶段增速有所差异。在 1981—1993 年,农业总产值缓慢上升,1994—1997 年这几年攀升速度加快,但之后 5 年增速再次放缓。进入 2004 年,中国农业总产值快速攀升,并在之后的 10 年一直保持高速增长的态势,这反映了中国近年来在确保农业稳产增产上成效显著。

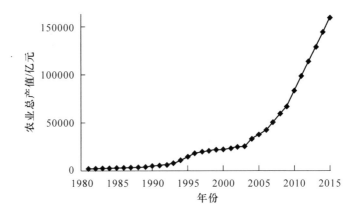

图 4.1 1981—2015 年中国农业总产值变动趋势(1990 年不变价格)

数据来源:《中国统计年鉴》。

进一步,表 4.1 给出了农业改革各个阶段农业总产值的变化情况(以 1990 年不变价格表示)。总体来看,1981—2015 年,中国年平均农业总产值为 36069.01 亿元,年平均增长率为 16.55%。其中前两个阶段农业总产值较低,增速比较稳定。第三阶段(1994—1997 年)是第一个飞跃时期,这期间年平均农业总产值达到 15574.84 亿元,平均增速高达 28.21%。然而第四阶段(1998—2003 年)农业总产值虽然也在增长,但增速迅速放缓,这期间年均增长率仅为 4.37%。本书研究周期的最后一个阶段是第二个飞跃时期,这期间年均农业产值高达 85057.70 亿元,年均增速回升到 16.96%。

表 4.1 1981—2015 年中国农业产出情况（1990 年不变价格）

时间阶段	农业总产值/亿元	实际增长率/％
1981—1989 年	2226.28	18.40
1990—1993 年	5831.95	18.20
1994—1997 年	15574.84	28.21
1998—2003 年	22676.53	4.37
2004—2015 年	85057.70	16.96
平均值	36069.01	16.55

数据来源：《中国统计年鉴》。

4.2.2 各农作物产品产量情况

表 4.2 展示了在研究周期内中国主要农作物产量的变化情况。为了与后文实证部分保持一致，本节选择粮食、油料、糖料和蔬菜四大类代表性农作物。总体来看，在研究周期内，年均粮食作物产量为 47672.64 万吨，油料作物为 2311.51 万吨，糖料作物为 8664.50 万吨，蔬菜作物为 51649.72 万吨。各农作物产量的差异反映了作物生长特性和播种范围的差异。可以看出，四类作物的产量递增趋势明显，以粮食作物为例，与研究阶段初期相比，到研究阶段末期，粮食作物的产量增长 32％，这体现出我国坚持走自给自足粮食发展之路的卓越成效。

表 4.2 1981—2015 年中国主要农作物产量情况　　单位：万吨

时间阶段	粮食作物	油料作物	糖料作物	蔬菜作物
1981—1989 年	38345.30	1293.74	5135.10	
1990—1993 年	44517.05	1674.14	8016.35	
1994—1997 年	47760.63	2151.98	8258.02	30604.06
1998—2003 年	47054.10	2740.49	9058.22	46464.77
2004—2015 年	55999.91	3125.99	11466.25	59503.62
平均值	47672.64	2311.51	8664.50	51649.72

数据来源：《中国统计年鉴》(1981—1993 年蔬菜数据缺失)。

进一步，表 4.3 展示了在研究周期内中国主要粮食作物产量的变化情况。为了与后文实证部分保持一致，本节选择水稻、小麦、玉米和大豆四种代表性粮食作物。总体来看，在研究周期内，水稻年均产量最高，为 18457.53 万吨；其次是玉米,为 12867.83 万吨;小麦为 10132.00 万吨;大豆产量最少,为 1324.61 万吨。对比不同时间阶段,可以看出,从研究阶段初期到研究阶段末期,四种主要粮食作物呈波动式增长的趋势,水稻和小麦的产量较为稳定,玉米和大豆的产量出现较大的波动。

表 4.3　1981—2015 年中国主要粮食作物产量情况　　单位:万吨

时间阶段	水稻	小麦	玉米	大豆
1981—1989 年	16856.85	8190.74	7024.03	1044.22
1990—1993 年	18422.01	10053.98	9841.98	1158.10
1994—1997 年	18924.91	10884.04	11076.02	1436.42
1998—2003 年	18298.04	9898.22	11971.09	1535.17
2004—2015 年	19593.85	11480.16	19304.94	1447.85
平均值	18457.53	10132.00	12867.83	1324.61

数据来源:《中国统计年鉴》。

4.2.3　各农作物单位产出情况

表 4.4 展示了在研究周期内中国主要农作物单位面积产量的变化情况。为了与后文实证部分保持一致,本节选择粮食、油料、糖料和蔬菜四大类代表性农作物。总体来看,在研究周期内,年均粮食作物单产为每公顷 4308.76 公斤,油料作物为每公顷 1822.19 公斤,糖料作物为每公顷 51684.82 公斤,蔬菜作物为每公顷 31606.57 公斤。各农作物单产的差异一方面反映了作物生长特性的不同带来产量的差别,另一方面由于该指标是加总指标,即由这一类别下各种细分作物单产加总而成的,因此不适用于横向比较。但可以看出,与研究阶段初期相比,到研究阶段末期,四类作物的年均单产分别增长 48%、84%、73% 和 13%,这体现了中国在促进农业稳产增产方面的成效。

表 4.4　1981—2015 年中国主要农作物单产情况　　单位:公斤/公顷

时间阶段	粮食作物	油料作物	糖料作物	蔬菜作物
1981—1989 年	3424.01	1275.95	38167.94	
1990—1993 年	3985.78	1487.07	44405.88	
1994—1997 年	4290.58	1716.91	44897.74	29203.92
1998—2003 年	4375.80	1895.94	52931.45	30154.87

时间阶段	粮食作物	油料作物	糖料作物	蔬菜作物
2004—2015 年	5052.53	2341.79	65887.84	32933.08
平均值	4308.76	1822.19	51684.82	31606.57

数据来源:《中国统计年鉴》(1981—1994 年蔬菜数据缺失)。

进一步,表 4.5 展示了在研究周期内中国主要粮食作物单位面积产量的变化情况。为了与后文实证部分保持一致,本节选择水稻、小麦、玉米和大豆四种代表性粮食作物。总体来看,在研究周期内,水稻年均单产最高,为每公顷 6004.46 公斤;其次是玉米,为每公顷 4757.50 公斤;小麦为每公顷 3820.16 公斤;大豆单产最少,为每公顷 1590.85 公斤。对比不同时间阶段,可以看出,从研究阶段初期到研究阶段末期,小麦单产增长最快,其次是玉米和大豆,最后是水稻,四种粮食作物单产的增长幅度在 30% 到 70% 之间。

表 4.5　1981—2015 年中国主要粮食作物单产情况　　单位:公斤/公顷

时间阶段	水稻	小麦	玉米	大豆
1981—1989 年	5165.06	2818.06	3662.78	1306.90
1990—1993 年	5754.32	3286.15	4649.46	1470.16
1994—1997 年	6096.91	3700.94	4800.23	1732.90
1998—2003 年	6232.59	3814.10	4874.25	1733.00
2004—2015 年	6572.52	4792.50	5541.94	1725.62
平均值	6004.46	3820.16	4757.50	1590.85

数据来源:《中国统计年鉴》。

4.3　中国农业投入情况

4.3.1　总体投入情况

图 4.2 展示了在研究周期内中国农业各投入要素的变化情况。为了与后文实证部分保持一致,本节主要考察土地、劳动、化肥和机械四种基本投入要素,其中土地要素使用农作物总播种面积、劳动要素使用乡村从业人员、化肥要素使用农用化肥施用折纯量、机械要素使用农业机械总动力表示。总体来看,劳动、化

肥和机械三种要素始终呈上升趋势。然而,土地要素在研究周期内有三次较大的波动,但在 2005 年后其上升趋势逐渐趋于稳定。

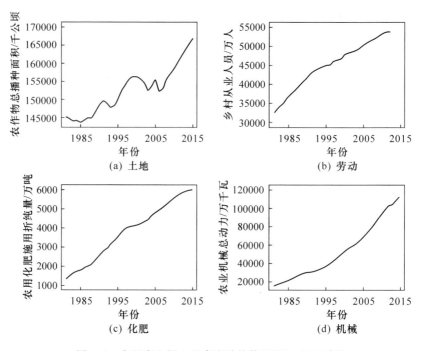

图 4.2　中国农业投入要素变动趋势(1981—2015 年)

数据来源:《中国统计年鉴》。

进一步,表 4.6 给出了农业改革各个阶段农业各投入要素的变化情况。总体来看,在研究周期内,中国年均农作物播种面积为 152467.76 千公顷,年均乡村从业人员为 45048.74 万人,年均农用化肥施用折纯量为 3803.65 万吨,年均农业机械总动力为 52917.53 万千瓦。从数值上看,与研究阶段初期相比,到研究阶段末期,土地投入增长 10%以内,劳动力投入增长 40%左右,而化肥和机械投入变化较大,相较于 80 年代大约增长了 3—4 倍。

表 4.6　中国农业投入情况(1981—2015 年)

时间阶段	土地/千公顷	劳动/万人	化肥/万吨	机械/万千瓦
1981—1989 年	144703.97	36917.44	1828.02	21461.54
1990—1993 年	148673.97	43289.83	2869.38	30055.33
1994—1997 年	151117.41	45304.55	3680.06	37620.78
1998—2003 年	155189.45	47836.29	4226.84	53377.66

时间阶段	土地/千公顷	劳动/万人	化肥/万吨	机械/万千瓦
2004—2015 年	158644.48	51989.70	5426.41	88999.12
平均值	152467.76	45048.74	3803.65	52917.53

数据来源:《中国统计年鉴》(由于统计口径差异,2012 年后的乡村从业人员暂未统计)。

4.3.2　各农作物播种面积情况

表 4.7 展示了在研究周期内中国主要农作物播种面积的变化情况。为了与后文实证部分保持一致,本节选择粮食、油料、糖料和蔬菜四大类代表性农作物。总体来看,在研究周期内,年均粮食作物播种面积为 110612.51 千公顷,油料作物为 12374.63 千公顷,糖料作物为 1650.99 千公顷,蔬菜作物为 12033.56 千公顷,上述播种面积差异也在一定程度上反映了保障粮食安全在我国农业生产中的基础性地位。分作物来看,粮食作物在前三个时间周期内虽有波动但播种面积较为稳定,在第四周期内有大幅度下滑,但在第五周期迅速回升到原有播种水平;油料和糖料作物的播种面积在研究周期内略有上升,整体呈反复波动趋势;蔬菜作物在前三个时间周期内播种面积迅速上升,但在进入 21 世纪以后逐步稳定,播种面积变化不大。

表 4.7　1981—2015 年中国主要农作物播种面积变化情况　单位:千公顷

时间阶段	粮食作物	油料作物	糖料作物	蔬菜作物
1981—1989 年	112080.44	10118.07	1342.23	4856.56
1990—1993 年	111711.97	11265.38	1804.67	6999.83
1994—1997 年	111266.03	12529.74	1835.89	10053.68
1998—2003 年	107465.36	14435.45	1711.91	15431.04
2004—2015 年	110500.81	13354.68	1739.24	18055.43
平均值	110612.51	12374.63	1650.99	12033.56

数据来源:《中国统计年鉴》。

进一步,表 4.8 展示了在研究周期内中国主要粮食作物播种面积的变化情况。为了与后文实证部分保持一致,本节选择水稻、小麦、玉米和大豆四种代表性粮食作物。总体来看,在研究周期内,水稻年均播种面积最大,为 30843.29 千公顷;其次是小麦,为 26965.99 千公顷;玉米的播种面积为 26023.91 千公顷;大豆播种面积最少,为 8305.29 千公顷。对比不同作物可以看出,在研究周期内水稻和小麦播种面积的整体变化趋势相近，在前三个时间周期里呈反复波动趋势，在第四周期内有大幅度下滑；玉米的播种面积整体呈上升趋势，而且在第五周期增长迅速；大豆的播种面积虽有波动，但从整体上看基本稳定在年均 8000 千公顷的水平。

表 4.8 1981—2015 年中国主要粮食作物播种面积变化情况 单位：千公顷

时间阶段	水稻	小麦	玉米	大豆
1981—1989 年	32655.27	29016.33	19155.90	7992.21
1990—1993 年	32024.97	30607.87	21178.34	7818.90
1994—1997 年	31021.79	29377.01	23050.26	8291.31
1998—2003 年	29330.14	25975.23	24530.43	8880.49
2004—2015 年	29787.51	23905.98	34528.05	8419.31
平均值	30843.29	26965.99	26023.91	8305.29

数据来源：《中国统计年鉴》。

4.3.3 农田灌溉面积变化情况

强化基础设施建设是提高农业气象灾害抵御能力的重要抓手，而水利基础设施更是农业生产的命脉。有效的农田灌溉能力不仅在缓解我国农业用水难、节约水资源方面发挥着重要作用，而且也有助于增强农作物的抗灾能力，改善农业靠天吃饭的局面，减轻农业灾害的经济损失。表 4.9 展示了研究周期内我国农田灌溉面积的变化情况[①]。虽然个别年份数据有所缺失，但可以看出农业有效灌溉面积、节水灌溉面积和除涝面积均呈现出不断扩大的趋势，且节水灌溉面积占比不断提升。以有效灌溉面积这一指标为例，第五周期年均有效灌溉面积

---

① 有效灌溉面积指具有一定的水源，地块比较平整，灌溉工程或设备已经配套，在一般年景下能够进行正常灌溉的耕地面积。在一般情况下，有效灌溉面积应等于灌溉工程或设备已经配套，能够进行正常灌溉的水田和水浇地面积之和。它是反映我国农田水利建设的重要指标。

节水灌溉指用尽可能少的水投入，获得尽可能多的农作物产出的一种灌溉模式，目的是提高水的利用率和水分生产率。节水灌溉面积包括喷灌面积、微灌面积、管道输水面积、渠道防渗面积和其他节水灌溉面积。

除涝面积指由于兴修治涝工程或安装排涝机械等水利设施（或进行改种），使易涝耕地免除淹涝，除涝标准达到三年一遇以上者。易涝面积虽经过治理，但标准尚未达到三年一遇标准的，不作为除涝面积统计。（上述概念界定来源：国家统计局）

相比第一周期增加 15403.41 千公顷,这在一定程度上表明我国水利事业不断发展完善,灌溉成效日益显著。

表 4.9 1981—2015 年中国农田灌溉面积变化情况　　　单位:千公顷

时间阶段	有效灌溉面积	节水灌溉面积	节水灌溉面积占比	除涝面积
1981—1989 年	44422.84			
1990—1993 年	48135.79			19479.25
1994—1997 年	49915.05			20051.25
1998—2003 年	53648.80	17428.00	32.31%	20908.83
2004—2015 年	59826.25	26057.33	43.38%	21719.75
平均值	52337.62	23519.29	40.12%	20652.43

数据来源:《中国统计年鉴》(1981—1997 年节水灌溉面积数据缺失;1981—1985 年除涝面积数据缺失)。

4.4 本章小结

本章基于《中国统计年鉴》提供的农业生产相关数据,概述研究周期内中国农业生产的发展情况,为后文实证部分提供数据支撑。改革开放以来,一系列以市场为导向的根本性改革极大地重塑了中国的农业生产。结合农业发展历史进程与实际生产情况,本章将 1981—2015 年整个研究周期分为五个时间阶段(1981—1989 年、1990—1993 年、1994—1997 年、1998—2003 年以及 2004—2015 年),用以研究时间阶段差异。

在农业产出方面,1981—2015 年间中国农业总产值呈上升趋势,但在不同时间阶段增速有所差异。从整体产量来看,主要农作物的产量递增趋势明显,以粮食作物为例,与研究阶段初期相比,到研究阶段末期,粮食作物的产量增长32%,水稻和小麦的产量较为稳定,玉米和大豆的产量出现较大的波动。这体现出我国坚持走自给自足粮食发展之路的卓越成效。从单位面积产量看,粮食、油料、糖料和蔬菜四大类代表性农作物,以及水稻、小麦、玉米和大豆四种代表性粮食作物的单位面积产量均有不同程度的上升。

在农业投入方面,1981—2015 年间中国农业劳动、化肥和机械三种要素始终呈上升趋势,土地要素在研究周期内有三次较大的波动,但近年来其上升趋势逐渐趋于稳定。进一步细分各主要农作物的播种面积发现,粮食作物在前三个时间周期内虽有波动但播种面积较为稳定，在第四周期内有大幅度下滑，但在第五周期迅速回升到原有播种水平；油料和糖料作物的播种面积在研究周期内略有上升，整体呈反复波动趋势；蔬菜作物在前三个时间周期内播种面积迅速上升，但在进入 21 世纪以后逐步稳定，播种面积变化不大。此外，农业有效灌溉面积、节水灌溉面积和除涝面积均呈现出不断扩大的趋势，灌溉成效日益显著。

5 气象灾害特征分析与强度刻画

虽然在研究周期内中国农业发展取得了举世瞩目的成就,但同时也面临着农业气象灾害的频繁威胁。本章旨在概述研究周期内中国气象灾害特征以及农业受灾情况的变动趋势,进一步构建气象灾害强度综合指数用以刻画中国农业气象灾害的发生强度。本章内容安排如下:5.1 小节在介绍气候变化变动趋势和中国应对气候变化政策演进的基础上,总结了中国农业气象灾害的基本特征,并概述了气象灾害影响下农作物的受灾与成灾情况。5.2 小节分别构建干旱、洪涝、热浪和冷害四种灾害的灾害强度指数,在此基础上形成综合的农业气象灾害强度指标,为后文的实证研究提供数据支撑。5.3 小节为本章小结。

5.1 中国气候变化特征分析与政策演进

5.1.1 主要气候变量年平均变化趋势

基于后文的研究内容,本节主要考察气温和降水两个核心气候变量。图5.1 展示了 1985—2015 年间中国年平均气温的变化情况[①]。1985 到 2015 年间,中国年平均气温为 14.14℃,其中 1985 年平均气温最低,为 13.3℃,1998 年平均气温最高,为 14.94℃。分前后两个阶段来看,1985—1999 年间,中国年均温为 13.92℃;2000—2015 年间,年均温更高,为 14.34℃。总体来看,在研究周

---

① 《中国统计年鉴》中提供了全国 34 个主要城市年平均气温,涵盖了所有省会城市,具有全国代表性。在此基础上,本节取各主要城市年平均气温的均值整理得到该年全国平均气温。此外,由于《中国统计年鉴》中按年份提供的详细气温数据最早仅到 1985 年,为避免更换数据库带来的统计口径差异,本节的研究周期为 1985—2015 年。后文降水数据与此情况相同,不再赘述。

期内中国年平均气温呈波动式上升的趋势。

为了进一步在统计学范畴内检验上述升温趋势,本节采用气候统计学中的线性倾向估计法(尹朝静,2017),将中国年平均气温作为被解释变量 y,年份作为解释变量 x,进行线性回归得到如下方程:

$$y = 0.0259x - 37.652 \tag{5.1}$$

其中,F 检验值为 15.15,P 值为 0.001,表明上述方程整体显著性较好。年平均气温的 t 检验值为 3.89,在 1% 水平上通过显著性检验,这表明在研究周期内中国年平均气温每年约增加 0.0259°C。图 5.1 中提供的拟合曲线同样验证了上述升温趋势。

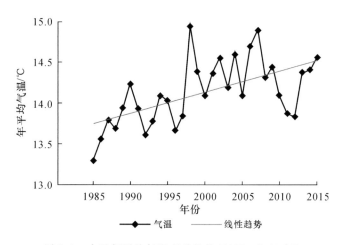

图 5.1 中国年平均气温变动趋势(1985—2015 年)

数据来源:《中国统计年鉴》。

图 5.2 展示了 1985—2015 年间中国年平均降水量的变化情况。1985 到 2015 年间,中国年平均降水量为 893.76mm,其中 2011 年平均降水量最低,为 786.96mm,2015 年平均降水量最高,为 1011.63mm。分前后两个阶段来看,1985—1999 年间,中国年平均降水量为 905.28mm;2000—2015 年间,年平均降水量更低,为 882.95mm。总体来看,在研究周期内中国年平均降水量波动幅度较大,但变动的方向性不明确。

为了进一步在统计学范畴内检验降水量的变化方向,将中国年平均降水量作为被解释变量 y,年份作为解释变量 x,进行线性回归得到如下方程:

$$y = -0.167x + 1227.235 \tag{5.2}$$

其中,F 检验值为 0.02,P 值为 0.889,R^2 值为 0.0007,表明上述方程整体未通过显著性检验。年平均气温的 t 检验值为 -0.14，未能通过显著性检验，这表明在研究周期内中国年平均降水量的变化趋势不明显，图 5.2 中提供的拟合曲线同样验证了上述趋势。

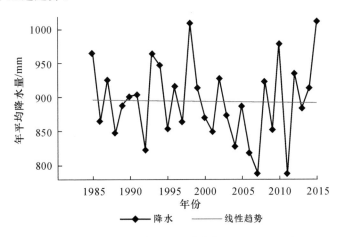

图 5.2　中国年平均降水量变动趋势(1985—2015 年)

数据来源:《中国统计年鉴》。

综合来看,研究周期内中国年平均气温总体呈波动上升趋势,年降水量同样呈波动趋势,但变动方向不明显;与研究初期相比,研究周期后半段气温和降水量的波动幅度明显更大,进而为气象灾害的增多提供了潜在可能性。上述结论共同反映了气候变化的两大主要特征:一是全球变暖趋势明显,二是极端气候事件增多。这与国际社会对气候变化趋势的共识相一致。

5.1.2　中国应对国内气候变化的历史进程

气候变化对人类生存的威胁日益严峻,这引起了包括中国在内的国际社会对气候问题的高度关注。国际气候变化谈判始于 1990 年,而 20 世纪 90 年代也是中国应对气候变化的起步阶段。近 30 年来,中国在国际社会逐渐从积极参与者转变为积极贡献者,最终成为积极引领者(张海滨等,2021)。而在国内主要从机构职责完善和相关政策制定两方面积极开展活动以应对国内气候变化。

机构职责完善方面,1990 年国务院专门成立了“国家气候变化协调小组”,下设在国务院原环境保护委员会,负责协调、制定与气候变化有关的政策和措施。1998 年,对原气候变化协调小组进行了调整,成立了由原国家发展计划委员会牵头,13 个部门参与的“国家气候变化对策协调小组”,该小组作为部门间议事协调机构,在研究和制定有关气候变化的政策等领域开展工作。2003 年,上述小组再次调整，由 15 个部门组成，其办公室设在国家发改委地区司，并成为中国在气候变化领域重大活动和对策的领导机构。2007 年，中国成立国家应对气候变化及节能减排工作领导小组，主要负责研究制定国家应对气候变化的重大战略、方针和对策，统一部署应对气候变化工作，以及研究审议国际合作和谈判等。2008 年，国家发改委应对气候变化司成立，承担综合研究气候变化问题的国际形势，牵头拟订我国应对气候变化重大战略、规划和重大政策，牵头承担国家履行联合国气候变化框架公约的相关工作（田丹宇，2013；朱焱，2014）。

政策制定方面，1992 年，在联合国环境发展大会通过《21 世纪议程》后，中国率先决定由国家计划委员会和国家科学技术委员会牵头，组织制定了《中国 21 世纪议程——中国 21 世纪人口、环境与发展白皮书》，明确了中国可持续发展的总体战略，并首次提出适应气候变化概念，最终该方案于 1994 年在国务院会议正式讨论通过。2006 年，科技部、中国气象局和中国科学院发布《气候变化国家评估报告》，这是中国编制的第一部有关全球气候变化及其影响的国家评估报告，也是中国首份全面应对气候变化的政策性文件，首次明确了将应对气候变化纳入国民经济和社会发展的总体规划之中。2007 年，《中国应对气候变化国家方案》正式出版，这是发展中国家在该领域的第一部国家方案，全面阐述了中国在 2010 年前应对气候变化的对策。2008 年，在中国共产党第十七次全国代表大会上，"应对气候变化"首次被写入中国共产党的纲领性文件。同年，中国首次发布《中国应对气候变化的政策与行动》白皮书，明确中国是个发展中国家，易受气候变化的不利影响，此后每年都发布上述白皮书，介绍应对气候变化的新进展。2013 年，《国家适应气候变化战略》发布，首次将适应气候变化提高到国家战略高度。2014 年，国家发改委组织编制了《国家应对气候变化规划（2014—2020 年）》，提出了中国应对气候变化工作的指导思想、目标要求、政策导向、重点任务及保障措施，要求将减缓和适应气候变化融入经济社会发展各方面和全过程，加快构建中国特色的绿色低碳发展模式（李宏，2011；张梅，2012；肖兰兰，2015）。这些政策性文件从中国国情出发，在研究周期内取得了显著成效，为减缓全球气候变化做出了积极的贡献。

5.1.3　中国农业气象灾害特征分析

（1）总体影响

农业是国民经济的基础，制约农业生产的灾害种类众多。农业经济的发展客观上面临着世界上的绝大多数灾害种类，它从一个侧面表明农业经济是在各种灾害的袭击下发展的，灾害问题是农业经济发展中不仅不能忽视而且必须给予高度重视的重要问题。农业的基础产业地位决定了农业对其他产业的关联性影响极大,若灾年造成农业大面积减产或歉收,农业经济的发展即会停滞甚至倒退,进而直接影响到依赖农副产品为原材料的其他相关产业。由此可见,灾害带来的连锁效应在农业经济领域表现得尤其明显。因此,农业灾害的影响客观上超出了农业经济的范畴,是涉及整个国民经济全局的重要负面因素(郑功成,2010)。

在全球气候变化的背景下,气候异常带来的气象灾害对农业生产的威胁日益加剧。农业生产面临的气象灾害具有大范围性和大面积性。几乎每年都有波及数省的大水灾、大旱灾发生,农业气象灾害的范围和危害的面积都是其他产业经济所不可能遇到的。农业气象灾害的大范围性和大面积性,使农业经济损失具有普遍性,这是农业气象灾害有别于其他产业灾害经济的重要特点。

表 5.1 展示了研究周期内中国农作物受农业气象灾害影响的情况。总体来看,1981—2015 年间,中国农作物年平均播种面积为 152467.76 千公顷,平均受灾面积为 42884 千公顷,受灾率(受灾面积/农作物播种面积)为 28.27%,平均成灾面积 22036.29 千公顷,成灾率(成灾面积/农作物播种面积)为 14.52%。成灾面积占受灾面积的比重约为 50.93%,说明农作物生产中约有一半的受灾面积造成了实质性的减产。从不同时间阶段来看,上世纪 90 年代,中国农作物受灾情况更为严重,受灾率和成灾率均要高出平均值 5% 左右;进入 21 世纪后,农作物的总体灾情减轻,各项指标均有一定程度下降。这说明中国农业生产的韧性有所提升,但面对全球气候变化的严峻形势,农业气象灾害对农业生产的制约作用依然不容小觑。

表 5.1　中国农作物受灾总体情况(1981—2015 年)

时间阶段	受灾面积/千公顷	成灾面积/千公顷	受灾率/%	成灾率/%	成灾占受灾比重/%
1981—1989 年	41220.00	20265.56	28.48	14.00	49.05
1990—1993 年	48525.00	23665.00	32.63	15.91	48.57
1994—1997 年	50322.50	26297.50	33.31	17.41	51.88
1998—2003 年	51415.00	29625.00	33.14	19.10	57.49
2004—2015 年	35506.67	17606.67	22.53	11.18	49.53
平均值	42884.00	22036.29	28.27	14.52	50.93

数据来源:《中国统计年鉴》。

(2)区域性

区域性是农业气象灾害的重要特征,具体表现在灾害种类与农业生产的共同作用。一方面,由于地理位置的差异,不同的地区占主导地位的气象灾害种类有所不同,比如中国东南沿海地区的农业生产经常受台风、洪涝等水文灾害的影响,而干旱是西北地区农业生产的最大威胁。另一方面,由于作物生长特性的不同,同种气象灾害对不同农作物生产的影响程度也有所不同,比如有些喜热的作物对高温热浪的忍耐程度更高,有些耐旱的作物更适合在干旱、半干旱的西部地区种植。

灾害的区域组合规律是分层次的,即在不同层次的区域范围内,灾害的组合是不同的,这种层次性在气象灾害方面表现得尤为明显。基于此,可以将灾害的区域组合规律从高到低划分为七个层次(如图 5.3 所示):第一是洲一级层次;第二是国家或国际经济区域层次;第三是中国国内的区域层次;第四是省一级层次;第五是市、县一级层次;第六是企事业单位和社区层次;第七是城乡居民家庭或个人层次。可以看出,从微观到宏观,从家庭或个人到全球各洲,灾害的区域组合规律有如下客观表现,即区域层次越高,灾害的种类越多,总的危害后果越严重,灾害对整个经济发展与经济增长的影响就越全面;反之,区域层次越低,灾害的种类越少,其危害后果就越轻。对整个经济发展与经济增长的影响就越有限(郑功成,2010)。

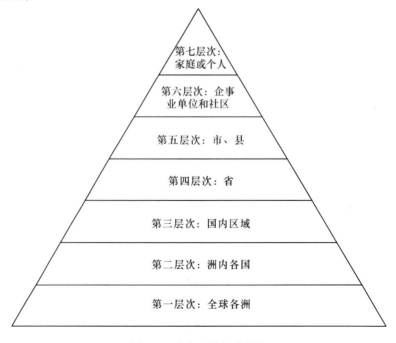

图 5.3 灾害区域组合层次

由于灾害种类、数量、频率及危害程度的不同,农业气象灾害在中国的不同区域有不同的组合。参考项勇和舒志乐(2022)的划分,表5.2展示了中国农业气象灾害的区划。从灾害组合来看,干旱和洪涝在中国各地区普遍存在,但影响程度有所差异,东南地区受洪水、台风等水文灾害的威胁更大,北方和西部地区多干旱,而东北地区在冬季还会受冷害、雪灾的影响。总体来看,农业气象灾害具有较强的区域性,给中国各地区的农业生产造成严重损失。

表 5.2　中国农业气象灾害区划

区域	所在省、自治区、直辖市	主要农业气象灾害	总体评价
华北地区	河北、山西、河南、山东、北京、天津	干旱、洪水、冷害、涝灾	重灾区,损失大
东南地区	江苏、安徽、湖北、湖南、广西、广东、海南、江西、福建、浙江、上海	洪水、台风、风暴潮、干旱、冰雹、龙卷风、雷电灾害	多灾区,损失大
东北地区	黑龙江、吉林、辽宁、内蒙古	冷害、洪水、干旱、暴风雪	多灾区,损失大
西北地区	陕西、甘肃、宁夏	干旱、沙尘暴	多灾区,损失大
西南地区	四川、云南、贵州、重庆	冷害	多灾区,损失大
西部地区	西藏、青海、新疆	雪灾、冰雹、风沙、干旱	多灾区,损失小

资料来源:项勇和舒志乐(2022),经整理所得。

(3)周期性

灾害经济的周期发展原理,是指灾害发生、发展过程及其对社会经济的影响所表现出来的重复现象(项勇和舒志乐,2022)。中国古代素有"三岁一饥、六岁一衰、十二岁一荒"之说,这也反映了灾害的周期性特征。自然灾害的周期性发展主要经过了如下轨迹:灾变出现—灾情损失—灾害治理—抗灾能力提高—灾害减少—损失减少—防灾投入减少—防灾能力下降—灾变再次出现。概括来说,灾变的发生往往是由于社会各方疏于防灾导致灾变因素不断积累,最终暴发灾情;而灾害暴发后,社会各方必然会加大经济投入进行灾后重建,防灾减灾能力由此得到增强,最终完成灾害的周期性变动。

灾害经济周期发展变化的表现形态主要有如下三种类型:第一种类型是稳定的周期发展变化,即灾害的发生与发展在灾种结构、频次、损害后果及其对国民经济发展的影响等方面(郑功成,2010)。如图5.4所示,周期内的高值期、低值期与上一周期内的高值期、低值期的间隔变化不大,保持着基本稳定的状态。不过,绝对稳定的周期发展状态是不存在的,有的只能是相对稳定的周期发展。

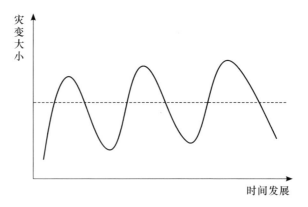

图 5.4 稳定的灾害周期发展变化

第二种类型是扩大的周期发展变化,即灾害发生的周期越来越长,大灾害的群发时间间隔越来越长。如图 5.5 所示,它表明灾害对社会经济的影响力在持续下降,是灾害问题逐步缓和、人灾关系得到改善、人与自然和谐发展的基本标志。

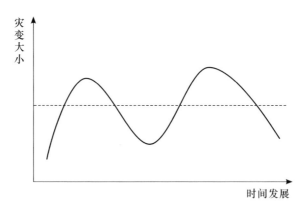

图 5.5 扩大的灾害周期发展变化

第三种类型是缩小的周期发展变化,即灾害发生的周期越来越短,灾变的群发时期间隔越来越短。如图 5.6 所示,它表明灾害对社会经济的影响力在持续上升,是灾害问题不断恶化、人灾关系日趋紧张、人与自然的对抗日益严重的基本标志。

农业气象灾害在中国同样遵循周期性特征。图 5.7 展示了 1981—2015 年中国农作物受灾情况的变动趋势,可以看到图中受灾率和成灾率两条曲线共同体现出中国农作物生产的周期性波动。具体而言,1981—2015 年间,农作物受灾情况以每 3—5 年为一个周期进行波动。在研究周期前半段波动频次更高,进

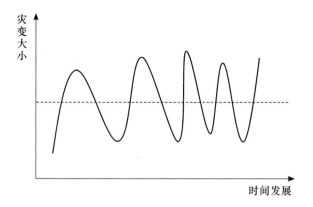

图 5.6　缩小的灾害周期发展变化

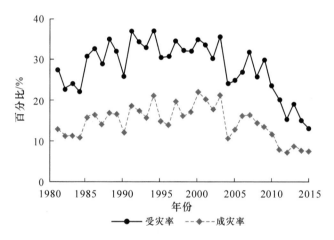

图 5.7　中国农作物受灾周期性变动趋势(1981—2015 年)

数据来源:《中国统计年鉴》。

入 21 世纪后,随着受灾率和成灾率的整体下降,波动频率也有所放缓,这反映了在农业科技进步等现代因素的作用下,农业灾害从影响农业生产的决定性因素逐渐降低到其中一个影响因素,但灾情的周期性波动依然存在,对农业生产的制约作用不容忽视。

(4)灾种集中性

虽然农业气象灾害种类众多,但不同灾害对农业生产的损害程度存在较大差异,具有灾种集中性。表 5.3 展示了研究周期内中国主要农业气象灾害对农作物的影响情况。1981—2015 年间,中国干旱灾害的年平均受灾面积为 22722.57 千公顷,占总灾害受灾面积的比重为 52.13%;年平均成灾面积 11592 千公顷,占总灾害成灾面积的比重为 51.27%。洪涝灾害的年平均受灾面积为

11288.86 千公顷,占总灾害受灾面积的比重为 26.36%;年平均成灾面积 6176.57 千公顷,占总灾害成灾面积的比重为 28.38%。冷害灾害的年平均受灾面积为 3282.37 千公顷,占总灾害受灾面积的比重为 7.72 %;年平均成灾面积 1489.06 千公顷,占总灾害成灾面积的比重为 6.84%。总体来看,洪涝和干旱是影响中国农业生产最主要的两种农业气象灾害,占农作物受灾面积的 80% 左右。

表 5.3 主要农业气象灾害影响情况(1981—2015 年)

灾害	时间阶段	受灾面积/千公顷	成灾面积/千公顷	受灾占总受灾比重/%	成灾占总成灾比重/%	成灾占受灾比重/%
洪涝	1981—1989 年	10566.67	5578.89	26.11	27.88	52.40
	1990—1993 年	15552.50	8320.00	31.73	34.60	51.68
	1994—1997 年	14907.50	8760.00	29.82	34.69	58.16
	1998—2003 年	12695.00	7745.00	24.81	27.11	60.16
	2004—2015 年	8500.00	4265.00	24.39	25.21	51.46
	平均值	11288.86	6176.57	26.36	28.38	53.98
干旱	1981—1989 年	24390.00	11678.89	58.56	57.08	47.66
	1990—1993 年	24290.00	11020.00	49.90	46.27	44.53
	1994—1997 年	26887.50	13427.50	53.02	49.12	47.77
	1998—2003 年	28396.67	16631.67	54.88	54.61	56.01
	2004—2015 年	16724.17	8585.83	46.39	47.61	50.98
	平均值	22722.57	11592.00	52.13	51.27	49.88
冷害	1981—1989 年	1331.56	575.33	3.19	2.83	45.92
	1990—1993 年	3069.25	1476.25	6.38	6.35	46.42
	1994—1997 年	2457.75	1048.50	4.98	4.29	41.34
	1998—2003 年	4959.83	2167.50	9.76	7.65	45.75
	2004—2015 年	4252.67	1986.25	11.46	10.45	43.97
	平均值	3282.37	1489.06	7.72	6.84	44.75

数据来源:《中国统计年鉴》。

图 5.8 进一步对比洪涝和干旱的受灾和成灾情况。可以看到,水、旱两种灾害占总受灾和成灾的比重均出现较大的波动,除个别年份外,干旱受灾/成灾面积占总受灾/成灾面积的比重普遍要高出洪涝 20% 左右,这反映了干旱是对中

国农业生产影响最大的农业气象灾害,其次是洪涝。在研究周期内,干旱和洪涝所占比重同年一般呈反向变化,即干旱占比高时洪涝占比相应减少,但两者之和始终保持80%左右的占比,这进一步证实了水旱两种灾害在种类众多的农业气象灾害中的主导地位。

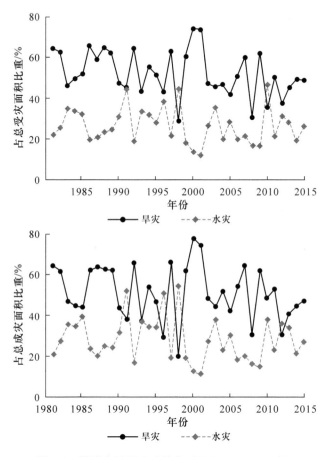

图 5.8 洪涝和干旱变动趋势对比(1981—2015 年)

数据来源:《中国统计年鉴》。

值得注意的是,由于官方统计数据主要统计受灾和成灾面积而非气象灾害种类,这可能会出现复合型灾害的问题,即遭受其他气象灾害袭击的农作物,因其同样遭受了洪涝或干旱的袭击,因此在统计资料中上述情况只归类为洪涝或干旱,以避免重复计算。例如,高温热浪和干旱两种气象灾害往往是相伴而生的,但统计受灾面积时一般只统计干旱,无法进一步细化灾情。这也一定程度上反映出在定量研究中基于社会经济数据测度农业气象灾害的局限性。

5.2 中国农业气象灾害强度刻画

5.2.1 农业气象灾害强度指数测度

基于上一小节的分析可以发现,在研究周期内干旱和洪涝是对中国农业生产威胁最大的两种气象灾害,在此之后,低温冷害的危害同样不容忽视。除了上述三种农业气象灾害,在全球变暖的背景下,高温热浪对农作物生产的制约作用正持续蔓延。综合中国农业气象灾害现状与数据统计的结果,洪涝、干旱、冷害和热浪可以被认为是影响中国农业生产最为典型的四种气象灾害,本书据此选择上述四种灾害分别构建灾害强度指数,在此基础上形成综合的农业气象灾害强度指数作为本书的核心解释变量。

在农业气象灾害强度的刻画方法上,针对洪涝、热浪和冷害三种农业气象灾害,本书综合了灾害经济学与气候变化经济学领域的经典研究(Felbermayr et al.,2022;Zaveri et al.,2020),使用"天气异常"(weather anomalies)这一核心概念来刻画农业气象灾害。"天气异常"也称"气候偏差",是指某一特定地点某一时段的天气指标与该地区研究周期内长期平均值之间的偏差,通常用来作为极端气候或气象灾害强度的代理变量。

(1)洪涝强度指数

本书使用月降雨量的差异来量化洪涝强度,即将其定义为月总降雨量与当地整个研究时间周期(1981—2015 年)内月平均降雨量的偏差,进一步使用月总降水量的正差除以特定月份对应的长期标准差来标准化洪涝强度指数。具体公式如下:

$$\theta_{imt}^{\text{flood}} = \frac{\omega_{imt}^{\text{flood}} - \bar{\omega}_{i,m}^{\text{flood}}}{\sigma_{i,m}^{\text{flood}}} \tag{5.3}$$

其中,$\theta_{imt}^{\text{flood}}$ 为县 i 在 t 年第 m 月的洪涝强度指数,$\omega_{imt}^{\text{flood}}$ 为某地某月的月总降雨量,$\bar{\omega}_{i,m}^{\text{flood}}$ 为当地 1981—2015 年间月平均降雨量,$\sigma_{i,m}^{\text{flood}}$ 为长期标准差。该指标可同时测度特定月份的正向降水异常和负向降水异常,本书只考虑降水偏差为正的月份,即使用正向降水异常来衡量当月的洪涝强度。

(2)热浪强度指数

本书对热浪灾害强度的衡量方法是一个月内平均最高温度与相应的长期月

度平均最高温度之间的偏差,并除以特定月份对应的长期标准差来标准化指数。具体公式如下:

$$\theta_{imt}^{\text{heat}} = \frac{\omega_{imt}^{\text{heat}} - \bar{\omega}_{i,m}^{\text{heat}}}{\sigma_{i,m}^{\text{heat}}} \tag{5.4}$$

其中,$\theta_{imt}^{\text{heat}}$ 为县 i 在 t 年第 m 月的热浪强度指数,$\omega_{imt}^{\text{heat}}$ 为某地某月的月平均最高温度,$\bar{\omega}_{i,m}^{\text{heat}}$ 为当地 1981—2015 年间月平均最高温度,$\sigma_{i,m}^{\text{heat}}$ 为长期标准差。本书将上述指标的正偏差定义为热浪,用以衡量当月的热浪强度。

(3)冷害强度指数

本书对冷害灾害强度的衡量方法是一个月内平均最低温度与相应的长期月度平均最低温度之间的偏差,并除以特定月份对应的长期标准差来标准化指数。具体公式如下:

$$\theta_{imt}^{\text{cold}} = \frac{\omega_{imt}^{\text{cold}} - \bar{\omega}_{i,m}^{\text{cold}}}{\sigma_{i,m}^{\text{cold}}} \tag{5.5}$$

其中,$\theta_{imt}^{\text{cold}}$ 为县 i 在 t 年第 m 月的冷害强度指数,$\omega_{imt}^{\text{cold}}$ 为某地某月的月平均最低温度,$\bar{\omega}_{i,m}^{\text{cold}}$ 为当地 1981—2015 年间月平均最低温度,$\sigma_{i,m}^{\text{cold}}$ 为长期标准差。为了刻画冷害强度并便于与其他指数相比较,本书去掉 0 以上的值,并以绝对值表示其余的负值,用以衡量当月的冷害强度。

(4)干旱强度指数

与洪涝、热浪和冷害相比,干旱是降水长期亏缺和近期亏缺综合效应累加的结果,即单个干旱月份通常不会引起干旱,但连续几个月或一年的干旱可能会引起干旱。在气象学领域通常使用干旱指数来监测和研究干旱的变化。国内外气象学学者发展了种类繁多的干旱指数,比如降水量距平百分率(precipitation anomaly in percentage,PA)、相对湿润度指数(relative moisture index,MI)、标准化降水指数(standardized precipitation index,SPI)、标准化降水蒸散指数(standardized precipitation evapotranspiration index,SPEI)和帕默尔干旱指数(palmer drought severity index,PDSI)等干旱指数(中国气象局,2017)。综合中国气候变化与农业生产的特性,本书参考中国气象局提出的国家标准 GB/T 20481—2017《气象干旱等级》,使用其中综合考虑前期不同时间段降水和蒸散对当前干旱影响的气象干旱综合指数(meteorological drought composite index,MCI),用以衡量当月的干旱强度。

MCI 指数考虑了 60 天内的有效降水(权重累积降水)、30 天内蒸散(相对湿润度)以及季度尺度(90 天)降水和近半年尺度(150 天)降水的综合影响。该指数还增加了季节调节系数,适用于作物生长季逐日气象干旱的监测和评估。具体公式如下：

$$MCI = Ka \cdot (a \cdot SPIW_{60} + b \cdot MI_{30} + c \cdot SPI_{90} + d \cdot SPI_{150}) \qquad (5.6)$$

其中，MCI 为气象干旱综合指数；$SPIW_{60}$ 为近 60 天标准化权重降水指数；MI_{30} 为近 30 天相对湿润度指数；SPI_{90} 为近 90 天标准化降水指数；SPI_{150} 为近 150 天标准化降水指数。a 为 $SPIW_{60}$ 项的权重系数；b 为 MI_{30} 项的权重系数；c 为 SPI_{90} 项的权重系数；d 为 SPI_{150} 项的权重系数。Ka 为季节调节系数，根据不同季节各地主要农作物生长发育阶段对土壤水分的敏感程度确定[①]。

类似于冷害强度指数的测度方法，为了刻画干旱强度并便于与其他指数相比较，本书去掉 0 以上的值，并以绝对值表示其余的负值，用以衡量当月的干旱强度。

(5) 气象灾害综合强度指数

由于本书所使用的农业生产变量为年度数据，因此首先需要将上述四种月度灾害强度指数汇总为年度指数。为了与县级农业生产年度数据相匹配，确保上述灾害无论发生在哪个月都能连续影响农业生产，本书参考 Felbermayr et al.(2020) 的方法，采用滚动加权年平均法 (rolling-window weighted annual mean)，即以每个月在一年中剩余的月数作为其在第 t 年的权重，而以剩余的月数作为第 $t+1$ 年的权重。具体公式如下：

$$D_{i,t}^{k} = \sum_{m=1}^{12} \theta_{imt}^{k} \cdot \frac{12-m}{12} + \theta_{i,m,t-1}^{k} \cdot \frac{m}{12} \qquad (5.7)$$

其中，$D_{i,t}^{k}$ 表示第 k 种灾害的年度灾害强度指数，θ_{imt}^{k} 为县 i 在 t 年第 m 月的第 k 种灾害的月度灾害强度指数。

进一步，为了确保没有一个单一的灾害成分主导灾害指数，本书参考 Felbermayr and Gröschl(2014) 的做法，采用该县在所有年份内灾害类型标准差的倒数作为精确权重，最终加总并标准化为气象灾害综合强度指数 D_{it}，即为本书实证部分的核心解释变量。

必须要承认的是，本书使用"天气异常"这一概念刻画农业气象灾害时，本质上依然是测度各天气变量与长期均值之间的偏差，因此不可避免地会忽略一些极端天气事件，例如在很短的时间内超强降雨可能造成严重破坏等现象。然而，由于本书所使用的农业生产变量为年度数据，使用上述方法刻画农业气象灾害不仅便于比较和汇总，更容易实现县级气象数据库与农业数据库的联结，这也正

---

① 式(5.6)中不同指数的具体计算方法以及不同地区的权重系数取值详见国家标准 GB/T 20481—2017《气象干旱等级》附录部分。

是本书的创新之处与贡献点。此外,Damania et al.(2017)研究发现,在使用降水异常和使用直接的洪水事件指标时,有非常相似的结果,这也进一步验证了本书在变量测度方法上的稳健性。

5.2.2 农业气象灾害强度的变动趋势

表 5.4 展示了 1981—2015 年中国农业气象灾害强度指数变化情况。总体来看,在研究周期内,中国农业气象灾害综合强度指数的均值为 0.39。从不同灾害类型来看,热浪强度指数最高,在研究周期内的均值为 0.75;其次是干旱,均值为 0.49;洪涝和冷害两种强度指数均值相似,分别为 0.39 和 0.40。从不同时间阶段来看,洪涝强度指数在五个时间分段内整体波动较小,在 1990—1993 年这一阶段均值略高(0.44);干旱强度指数在第一阶段后有明显下降趋势,从 0.6 迅速下降到 0.46,但在后面四个阶段波动较小;热浪强度指数在五个时间阶段呈明显上升趋势,均值从第一阶段(1981—1989 年)的 0.59 上升到第五阶段(2004—2015 年)的 0.86;而冷害强度指数刚好相反,呈明显下降趋势,均值从第一阶段(1981—1989 年)的 0.66 下降到第五阶段(2004—2015 年)的 0.24。综上,上述结果反映出气候变化过程中的主要特征,即全球变暖趋势明显。

表 5.4　中国农业气象灾害强度指数变化情况(1981—2015 年)

时间阶段	洪涝强度	干旱强度	热浪强度	冷害强度	综合强度
1981—1989 年	0.35	0.60	0.59	0.66	0.41
1990—1993 年	0.44	0.46	0.63	0.53	0.41
1994—1997 年	0.37	0.48	0.72	0.40	0.38
1998—2003 年	0.41	0.47	0.88	0.23	0.39
2004—2015 年	0.38	0.43	0.86	0.24	0.38
平均值	0.39	0.49	0.75	0.40	0.39

数据来源:中国气象数据网,经作者计算得到。

进一步,图 5.9 展示了 1981—2015 年中国农业气象灾害综合强度指数的变动趋势。可以看出,在研究周期内,中国农业气象灾害综合强度波动较大,尤其是在 20 世纪与 21 世纪交汇这一时期波动幅度巨大,但总体来看变动趋势没有明显的方向性。此外,图 5.9 同样捕捉到了中国农业气象灾害变动的周期性,即 1981—2015 年间,中国农业气象灾害强度以每 3—5 年为一个周期进行波动,这进一步印证了前文中的灾害经济的周期发展原理。综上,上述结果反映出气候变化过程中的另一主要特征,即极端气候事件增多。

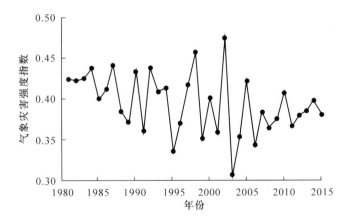

图 5.9　中国农业气象灾害综合强度指数变动趋势(1981—2015 年)
数据来源:中国气象数据网,经作者计算得到。

5.3　本章小结

　　本章基于中国气象数据网提供的气象日值数据,概述研究周期内农业受灾情况的变动趋势,进一步构建气象灾害强度指数用以刻画中国农业气象灾害的发生强度,为后文实证部分提供数据支撑。

　　气候变化是全人类面临的共同挑战。近年来,中国在国际社会逐渐从全球气候治理的积极参与者转变为积极贡献者,最终成为积极引领者。一系列政策性文件和机构改革从中国国情出发,取得了显著成效,为减缓全球气候变化做出了积极的贡献。中国年平均气温总体呈波动上升趋势,年降水量同样呈波动趋势,但变动方向不明显;研究周期后半段气温和降水量的波动幅度明显更大,进而为气象灾害的增多提供了潜在可能性。

　　在全球气候变化的背景下,气象灾害对农业生产的威胁日益加剧。1981—2015 年间,中国农作物平均受灾面积为 42884 千公顷,受灾率为 28.27%;平均成灾面积 22036.29 千公顷,成灾率为 14.52%;成灾面积占受灾面积的比重约为 50.93%,说明农作物生产中约有一半的受灾面积造成了实质性的减产。从区域分布上看,由于灾害种类、数量、频率及危害程度的不同,农业气象灾害在中国的不同区域有不同的组合。从时间分布上看,农作物受灾情况的周期性明显,通常以每 3 到 5 年为一个周期进行波动。从灾害类型上看,洪涝和干旱是影响中国农业生产最主要的两种农业气象灾害,占农作物受灾面积的80％以上。

综合中国农业气象灾害现状与数据统计的结果,本章参考灾害经济学与气候变化经济学领域的经典研究,使用"天气异常"这一核心概念来刻画农业气象灾害并构建洪涝、热浪和冷害灾害强度指数,进一步使用气象干旱综合指数(MCI干旱指数)刻画干旱强度,在此基础上形成综合的农业气象灾害强度指数作为本书的核心解释变量。中国农业气象灾害强度的变动趋势共同反映了气候变化的两大主要特征:一是全球变暖趋势明显,二是极端气候事件增多,这与国际社会对气候变化趋势的共识相一致。

6 农业气象灾害对中国农业生产的影响与机制分析

农业是国民经济的基础,也是最易受气象灾害影响的经济部门。前面章节从宏观角度概述研究周期内中国农业生产的发展情况与农业气象灾害的变动趋势,本章从实证角度探究农业气象灾害对中国农业生产的具体影响与作用机制。本章内容安排如下:6.1 小节构建研究框架分析农业气象灾害对农业生产的影响机制,并提出有待实证验证的研究假说。6.2 小节将固定面板模型、随机前沿生产函数模型以及投入要素与生产率决定模型引入实证研究,为后文的实证分析提供模型支撑。6.3 小节介绍了变量选择与所使用数据的基本情况。6.4 小节为研究结果分析部分,考察农业气象灾害对中国农业产出的影响及其作用机制,并基于灾害类型、时间变动、作物类别以及区域差异等维度提供异质性分析结果。6.5 小节为本章小结。

6.1 机理分析

测度农业气象灾害对中国农业生产的影响,首先要厘清农业气象灾害对农作物产出的影响机制。本章聚焦于考察在气象灾害对农业生产的影响,即考虑年内的农业产出及其调整。图 6.1 展示了农业气象灾害对农业产出的影响机制分析框架。农作物的生长既有自身的生物学规律,又受外部气候环境的作用,气温、降水、光照等气候因素均会对作物生长产生影响。"橘生淮南则为橘,生于淮北则为枳"充分说明了不同的农作物所需的水热条件可能会存在差异。以水稻为例,在实际农业生产过程中,当气温在一定的区间内上升时,如果仍在适宜生长的水平内,也可能有助于水稻增产。然而,当气温或降水上升到极端程度,甚至引发干旱、洪涝等灾害时,无疑会对农作物产出造成负面影响。据此,本章首先提出如下假说:

假说一:农业气象灾害强度增加,对农业产出有显著的负向影响。

当农业生产受到气象灾害冲击时,农户通常会依据灾害的影响程度调整种植行为。一般来说,在年内农户的调整能力有限,最直接的选择就是对投入要素的调整,尤其是劳动、化肥等方便及时调整投入量的生产要素。当气象灾害发生时,农户往往会增加人手参与抢收工作以最大限度降低灾情的负向影响,或增加化肥量保障农作物的有效生长、防治病虫害等次生灾害。但对于农机来说,由于机器的购买同时需要金钱和时间成本,在气象灾害频发的背景下农户往往产生悲观预期,因此减少机械投入这种长期性高价值投资。此外,从灾害特征角度看,有些农业气象灾害例如洪涝、冷害等,也并不适合使用机械来进行调整。据此,本章进一步提出如下假说:

假说二:农业气象灾害强度增加,会带来劳动、化肥两种投入要素的增加,但会减少农业机械投入。

另一方面,除了直接的投入要素组合,气象灾害还可能会从其他途径降低生产效率。与单要素生产率侧重于劳动、机械等传统投入相比,全要素生产率(TFP)衡量的是一种综合要素的生产率,换言之,全要素增长率指的是除了由要素投入引起的增长之外其他所有使总产值增长的部分,能够更好地衡量农业部门的技术进步和技术效率(龚斌磊等,2020)。因此,即使投入利用不变,气象灾害也可能通过降低生产技术效率影响作物的正常生长,这进一步导致农业全要素生产率对气象灾害的负响应。据此,本章最后提出如下假说:

假说三:农业气象灾害强度增加,对农业全要素生产率(TFP)有显著的负向影响。

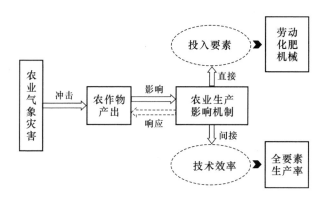

图 6.1 农业气象灾害对农业产出的影响机制分析框架

6.2 模型构建

6.2.1 固定面板模型

面板方法通常使用面板数据来反映农业产出对农业气象灾害强度的响应（Schlenker and Roberts, 2009; Chen et al. , 2016b; Chen and Gong, 2021），本书首先构建固定面板模型来估计农业气象灾害对农业产出的总体影响：

$$Y_{it} = \beta D_{it} + \gamma X_{it} + \alpha_{it} + \lambda_i + \varphi_t + \varepsilon_{it} \qquad (6.1)$$

其中，Y_{it} 是第 t 期 i 地区的实际农业产出的对数，D_{it} 是综合农业气象灾害强度指数，X_{it} 是日照、风速及其二次项，地区固定效应 λ_i 控制海拔、土壤等不随时间变化的因素，时间固定效应 φ_t 捕捉技术进步等不随地区改变的因素，ε_{it} 是随机扰动项。

上述模型的核心解释变量为综合农业气象灾害强度指数 D_{it}，该指数是由干旱、洪涝、热浪和冷害四种典型农业气象灾害加总而成，为了确保没有一个单一的灾害成分主导灾害指数，采用该县在所有年份内灾害类型标准差的倒数作为精确权重，并最终加总成为综合农业气象灾害强度指数（详见第五章5.2 小节）。

另外，除了由温度和降水主导的灾害强度指数，其他气候变量对农业生产的影响也不容忽视。Zhang et al. (2017)利用 1980—2010 年中国县级农业数据，探讨了除温度和降水之外的其他气候变量的重要性，研究发现，这些额外的气候变量对作物生长至关重要，例如忽略风速则可能会低估气候变化对作物产量的影响。式(6.1)中，X_{it} 为其他气候控制变量，包括除温度和降水外的日照和风速两个气候指标。此外，在式(6.1)中加入日照和风速的二次项，以进一步考察气候因素对农业生产的非线性影响(尹朝静等,2016)。

6.2.2 随机前沿分析与要素决定模型

上述模型主要关注农业气象灾害对农业生产的总体影响，为进一步分析农业气象灾害对农业产生冲击的传导机制，本节基于随机前沿分析构建了生产函数模型，测算农业全要素生产率，并分析气象灾害通过投入要素和全要素生产率(TFP)等不同途径对农业生产的影响机制。

随机前沿分析(SFA)和数据包络分析(DEA)方法是全要素生产率测算时

两种常用的方法,它们对代表最高生产率的生产前沿进行估计,并用效率缺失来解释实际产量与前沿产量的差异。随机前沿分析(Stochastic Frontier Analysis,简称 SFA)是由 Aigner et al.(1977)以及 Meeusen and Van den Broeck(1977)分别独立提出的,已成为生产效率分析的标准框架。SFA 方法允许技术无效率存在,并且将误差项分为生产者无法控制的随机误差项和生产者可以控制的技术误差项。数据包络分析(Data Envelopment Analysis,简称DEA)是由运筹学家 Charnes et al(1978)提出的,是一种典型的非参数的技术进步率测算方法。DEA 的一个简单定义是,它提供了一种估算最优生产前沿和评价不同生产者相对效率的数学线性规划方法,通过比较各个生产者与最优生产前沿之间的距离,测算出各个生产者的技术进步率。

与 SFA 方法相比,DEA 方法虽然不需要对生产前沿的函数形式进行假设,但该方法没有使用随机项来控制生产过程中的不确定因素。一方面,在实际生产中,农业部门极易受各种不确定因素(极端天气、病虫害等)的影响;另一方面,在实证研究中,Headey et al(2010)对发展中国家农业 TFP 增长进行分析并指出,基于 SFA 的农业 TFP 估计值明显比基于 DEA 的估计值更加稳健和准确,近年来,许多文献中使用 SFA 方法测算农业全要素生产率(Jin et al.,2010;龚斌磊和张书睿,2019;Zhang et al.,2020)。因此,本书基于随机前沿分析法构建柯布-道格拉斯(C-D)形式生产函数模型:

$$Y_{it} = \alpha_{it} + \beta_1 L_{it} + \beta_2 F_{it} + \beta_3 M_{it} + \lambda_t - u_{it} + v_{it} \tag{6.2}$$

其中,Y_{it} 是第 t 期 i 地区的实际每公顷农业产出的对数。L_{it}、F_{it}、M_{it} 分别是劳动、化肥和机械三种投入要素每公顷投入量的对数。

基于索洛余值法测算的农业全要素生产率可以表示为 $TFP_{it} = \exp(\alpha + \lambda_t - u_{it})$,其中 α 为常数项,λ_t 代表年份固定效应,u_{it} 是效率缺失项。在随机前沿分析中,一般认为 v_{it} 服从均值为 0 的正态分布,即 $v_{it} \sim N(0, \sigma_v^2)$。对于无效率项 u_{it} 的设定,本书遵循 Battese and Coelli(1992)的设定,u_{it} 服从非负的截断正态分布($u_{it} \sim N^+(\lambda, \sigma_u^2)$)且 $u_{it} = \eta_{it} u_i = \exp(-\eta(t-T)) \times u_i$,$T$ 表示第 i 个生产者的最大时间跨度,η 为延迟参数,以衡量无效率项随时间的下降程度。

本书使用了两种方法来检查上述 TFP 估计的稳健性。首先本书使用传统的生产函数来推导 TFP,并将结果与随机前沿模型估计的结果进行比较。进一步,本书使用超越对数(T-L)形式的生产函数模型检验原有结果的稳健性(Christensen et al.,1973)。超越对数形式的随机前沿生产函数模型如下:

$$Y_{it} = \alpha_{it} + \beta_1 L_{it} + \beta_2 F_{it} + \beta_3 M_{it} + \beta_4 L_{it}^2 + \beta_5 F_{it}^2 + \beta_6 M_{it}^2 + \beta_7 L_{it} F_{it}$$
$$+ \beta_8 L_{it} M_{it} + \beta_9 F_{it} M_{it} + \lambda_t - u_{it} + v_{it} \tag{6.3}$$

除了直接影响农业全要素生产率,农业气象灾害对农业生产的影响还包括对投入要素数量的影响(Gong et al.,2021)。因此,本书构建投入要素和生产率决定模型,分析各因素通过不同途径对农业生产的边际影响:

$$\begin{cases} Z_{it}^k = \beta D_{it} + \gamma X_{it} + \alpha_{it} + \lambda_i + \varphi_t + \varepsilon_{it} \\ T\hat{F}P_{it} = \beta D_{it} + \gamma X_{it} + \alpha_{it} + \lambda_i + \varphi_t + \varepsilon_{it} \end{cases} \tag{6.4}$$

其中,Z_{it}^k 指第 k 种农业投入要素,具体分别为劳动、化肥、机械三种投入要素每公顷投入量,$T\hat{F}P_{it}$ 为式(6.2)中农业全要素生产率的估计结果,上述均取对数形式。其他变量的含义与式(6.1)一致。

6.3 变量说明

6.3.1 变量选择

本章使用的是 1981—2015 年中国大陆 2495 个县的非平衡县级农业和气候面板数据。其中,农业数据基于原农业部县级农作物数据库[①],该数据库收集了1981—2015 年各县的农业产出、各农业投入要素和主要农作物产量等农业生产相关数据,是目前持续时间最长的农业县级数据库之一,被广泛应用于中国农业生产的研究中(Chen et al.,2016a;龚斌磊,2022)。在投入与产出变量的选取上,遵循已有研究(Kalirajan et al.,1996;Chen,2006;王珏等,2010;Zhou and Zhang,2013):在产出方面,本章选取的农业产出变量是以 1990 年不变价格计算的每公顷农业总产值(万元/公顷);在投入方面,有三种主要的投入要素,其中劳动投入选取的是每公顷乡村农业从业人数(人/公顷),化肥投入采用的是每公顷农用化肥施用折纯量,机械投入采用的是每公顷农业机械总动力(千瓦特/公顷)。此外,土地面积采用农作物播种总面积(万公顷),并使用有效灌溉面积与播种总面积的比值表示农业灌溉比例(%)。在主要农作物产量方面,本书基于数据质量和可得性,选取粮食、油料、糖料和蔬菜四大类作物,以及水稻、小麦、玉

---

① 该数据库初始来源为原农业部种植业管理司的中国种植业信息网县级农作物数据库:http://zzys.agri.gov.cn/nongqingxm.aspx.(该数据库的下载渠道已关闭),具体所需量和数据由笔者整理所得。

米和大豆四种典型粮食作物的单产数据(吨/公顷),用以探讨作物间的异质性。

气象数据来源于中国气象数据网[①],该网站是中国气象局面向国内和全球用户开放气象数据资源的权威的、统一的共享服务平台。首先,选择覆盖中国大陆的 820 个气象观测站所记录的日值气象数据(包括最低、最高、平均气温、降水、风速和日照时数等基本气象指标),使用逆距离加权(IDW)方法匹配了上述农业数据库中包含的 2495 个县的气象数据(Chen and Gong,2021),实现了县级农业数据库与气象数据库的连接。然后,遵循现有气象学和灾害学研究(Felbermayr et al.,2022),计算洪涝、干旱、热浪和冷害四种灾害强度指标。最后,为了确保没有一个单一的灾害成分主导灾害指数,采用该县在所有年份内灾害类型的标准差的倒数作为精确权重,并最终加总成为综合农业气象灾害强度指数(详见第 5 章 5.2 小节)。

6.3.2 描述性统计

表 6.1 展示了主要变量的描述性统计结果。在投入和产出方面,1981—2015 年各县平均每公顷投入 2.387 个劳动力、0.239 吨化肥和 3.835 千瓦特农业机械动力,创造出 1.853 万元的农业产值。在其他农业变量方面,1981—2015 年各县平均播种面积为 5.893 万公顷,灌溉比例平均为 34.2%。总体来看,全国各县农业投入与产出的标准差较大,这反映出全国各地区农业生产条件存在差异。

各县主要农作物的单产呈现出较大不同。从作物大类来看,1981—2015 年各县平均每公顷分别产出 4.425 吨粮食作物、2.062 吨油料作物、42.122 吨糖料作物和 31.141 吨蔬菜作物。可以看到,这四大类作物的单产差异较大,原因主要有两个:一是由于作物生长特性不同,产量自然有所不同;二是这四个作物大类变量为加总指标,即由该类别下各种细分作物单产加总而成的,因此加总后的结果存在较大差异。与上述作物大类不同,各县粮食作物的单产差距小,1981—2015 年各县平均每公顷分别产出 5.946 吨水稻、3.09 吨小麦、4.488 吨玉米和 1.874 吨大豆。

在农业气象灾害变量方面,1981—2015 年各县气象灾害综合强度指数在 0.097 到 3.205 之间波动,均值为 0.395。具体来看,洪涝、干旱、热浪和冷害四种灾害的平均强度分别为 0.385、0.480、0.751 和 0.397。此外,各县平均日照时长为 5.68 小时,平均风速为每秒 2.167 米。

---

① 该数据库初始来源为 http://data.cma.cn,具体所需变量和数据由笔者整理所得。

表 6.1 主要变量的描述性统计

变量		单位	均值	标准差	最小值	最大值	样本量
农业生产变量	农业单产	万元/公顷	1.853	2.223	0.103	12.197	70204
	劳动投入	人/公顷	2.387	1.111	0.529	6.440	70204
	化肥投入	吨/公顷	0.239	0.161	0.021	0.923	70204
	机械投入	千瓦特/公顷	3.835	3.411	0.484	20.301	70204
	灌溉比例	%	34.200	20.700	0	100	70204
	播种面积	万公顷	5.893	4.319	0.184	19.204	70204
主要农作物变量	粮食单产	吨/公顷	4.425	1.564	1.159	8.192	74064
	油料单产	吨/公顷	2.062	1.739	0.353	14.024	70745
	糖料单产	吨/公顷	42.122	23.934	0.997	118.545	14717
	蔬菜单产	吨/公顷	31.141	19.661	4.479	120.12	37527
	水稻单产	吨/公顷	5.946	1.716	1.229	10.030	55636
	小麦单产	吨/公顷	3.090	1.630	0.480	7.376	65438
	玉米单产	吨/公顷	4.488	1.855	0.990	9.625	68843
	大豆单产	吨/公顷	1.874	1.003	0.385	6.700	70111
农业气象灾害变量	综合强度		0.395	0.106	0.097	3.205	89073
	洪涝强度		0.385	0.211	0	1.679	89073
	干旱强度		0.480	0.231	0	10.996	89073
	热浪强度		0.751	0.281	0	3.570	89073
	冷害强度		0.397	0.271	0	2.667	89073
	日照时长	时	5.680	1.511	1.698	10.247	89073
	平均风速	米/秒	2.167	0.799	0.330	8.203	89073

6.4 研究结果与分析

6.4.1 基准回归结果

表 6.2 报告了农业气象灾害对农业产出影响的回归结果。其中,列(1)包含核心变量气象灾害强度,只控制了时间与地区双向固定效应。列(2)到(4)的回

归逐渐加入附加天气变量、地区固定效应与时间固定效应的交互项以及农地权重。可以看出,所有回归结果一致发现农业气象强度增加对农业产出有显著的负向影响,且均在1%水平上通过显著性检验。从估计系数来看,在控制住地区固定效应与时间固定效应的交互项后,各列估计系数相差不大,说明本书核心被解释变量——农业总产值并未受到来自价格等在地区层面随时间变化的相关因素干扰,进一步证明了本书基准回归结果的稳健性。由于列(4)在整个阶梯回归过程中的控制变量较为完备,因此本书将列(4)的估计系数作为基准回归结果,即农业气象灾害综合强度增加一个标准差会导致农业单位产值下降7.79%。此外,对于日照和风速两个附加天气变量,列(2)到(4)都捕捉到了它们与农业单位产出之间"倒U形"的非线性关系,这与陈帅等(2016)相关研究的结论相一致。另外,模型的调整 R^2 为0.89,这说明模型的总体解释力较好。

表 6.2　农业气象灾害对农业产出影响的回归结果

自变量	因变量:农业产出（对数形式）			
	(1)	(2)	(3)	(4)
气象灾害强度	−0.0705***	−0.0741***	−0.0737***	−0.0779***
	(0.0141)	(0.0141)	(0.0168)	(0.0151)
日照		0.0734***	0.0320	0.1240***
		(0.0157)	(0.0204)	(0.0169)
日照二次项		−0.0080***	−0.0019***	−0.0118***
		(0.0013)	(0.0016)	(0.0014)
风速		0.1430***	0.0231	0.1300***
		(0.0165)	(0.0170)	(0.0180)
风速二次项		−0.0033	−0.0078***	−0.0082**
		(0.0032)	(0.0032)	(0.0034)
常数项	−1.687***	−2.132***	−1.627***	−2.471***
	(0.0119)	(0.0498)	(0.0154)	(0.0554)
调整 R^2	0.892	0.893	0.919	0.890
地区固定效应	是	是	是	是
时间固定效应	是	是	是	是
地区 * 时间	否	否	是	是
农地权重	否	否	否	是

续表

自变量	因变量:农业产出（对数形式）			
	（1）	（2）	（3）	（4）
样本量	70204	70204	70204	70204

注:括号内是回归系数的标准误。*** 、** 、* 分别代表在 1%、5%、10% 的水平上统计显著。

6.4.2 异质性分析

（1）灾害类型异质性分析

表 6.3 报告了不同农业气象灾害类型对农业产出影响的回归结果。列(1)到(4)分别报告了洪涝、干旱、热浪和冷害对农业产出影响的回归结果,列(5)报告了四种灾害联合回归的结果。可以看出,洪涝强度和冷害强度增加一个标准差分别会导致农业产值下降 2.93% 和 2.53%,且在 1% 水平上通过显著性检验。与洪涝和冷害相比,干旱强度增加一个标准差会导致农业产值下降 1.46%,但显著性不高且估计系数较小,而热浪强度增加对农业生产的负向影响不显著。总体来看,不同农业气象灾害类型对农业产出的影响存在差异,洪涝和冷害两种灾害强度增加对农业产出的负向影响更大,而干旱和热浪强度增加的影响较小或无显著影响。

表 6.3 不同农业气象灾害类型对农业产出影响的回归结果

自变量	因变量:农业产出（对数形式）				
	（1）	（2）	（3）	（4）	（5）
洪涝强度	−0.0321***				−0.0293***
	(0.0073)				(0.0075)
干旱强度		−0.0134*			−0.0146*
		(0.0080)			(0.0080)
热浪强度			−0.0072		−0.0104
			(0.0064)		(0.0064)
冷害强度				−0.0322***	−0.0253***
				(0.0083)	(0.0085)
日照	0.1150***	0.1210***	0.1260***	0.1180***	0.1200***
	(0.0169)	(0.0168)	(0.0170)	(0.0169)	(0.0170)

续表

自变量	因变量:农业产出（对数形式）				
	(1)	(2)	(3)	(4)	(5)
日照二次项	-0.0114^{***}	-0.0114^{***}	-0.0118^{***}	-0.0112^{***}	-0.0116^{***}
	(0.0014)	(0.0014)	(0.0014)	(0.0014)	(0.0014)
风速	0.1640^{***}	0.1660^{***}	0.1290^{***}	0.1650^{***}	0.1300^{***}
	(0.0154)	(0.0154)	(0.0180)	(0.0154)	(0.0180)
风速二次项	-0.0001	-0.0001	-0.0082^{**}	-0.0003	-0.0082^{**}
	(0.0027)	(0.0027)	(0.0034)	(0.0027)	(0.0034)
常数项	-2.489^{***}	-2.534^{***}	-2.510^{***}	-2.505^{***}	-2.449^{***}
	(0.0554)	(0.0545)	(0.0551)	(0.0550)	(0.0562)
调整 R^2	0.891	0.887	0.892	0.876	0.893
地区固定效应	是	是	是	是	是
时间固定效应	是	是	是	是	是
农地权重	是	是	是	是	是
样本量	70204	70204	70204	70204	70204

注:括号内是回归系数的标准误。***、**、*分别代表在 1%、5%、10%的水平上统计显著。

在实际农业生产中,面对干旱和热浪冲击时,作物缺水是最直接的表现,因此农户往往会通过增加农田灌溉量来应对上述两种灾害。而面对洪涝和冷害冲击时,农户通常难以进行简洁有效的应对。基于上述分析,本书认为灌溉可能是调节干旱和热浪两种灾害负向影响的有效手段,也是出现表 6.3 回归结果的主要原因。进一步,本书使用灌溉比例(有效灌溉面积/总播种面积)作为调节变量,将灌溉比例与干旱和热浪的交乘项分别引入回归模型中。表 6.4 报告了灌溉在干旱与热浪中的调节效应。可以看出,当没有灌溉作用存在时,干旱和热浪强度的估计系数显著为负,这说明两种灾害强度增加会给农业产出带来显著的负向影响;而由于灌溉比例与干旱和热浪交乘项的估计系数均显著为正,说明灌溉的调节作用被捕捉到,即灌溉可以有效缓解干旱和热浪强度增加对农业生产的负向影响,这进一步证实了人类调整与适应行为在农业生产中的重要作用。

表 6.4　灌溉在干旱与热浪中的调节效应分析

自变量	因变量:农业产出(对数形式)		
	(1)	(2)	(3)
干旱强度	−0.0558***		−0.0396***
	(0.0145)		(0.0144)
灌溉 * 干旱	0.1090***		0.0662**
	(0.0292)		(0.0291)
热浪		−0.1780***	−0.1770***
		(0.0084)	(0.0084)
灌溉 * 热浪		0.5180***	0.5160***
		(0.0168)	(0.0168)
日照	0.1220***	0.1250***	0.1260***
	(0.0169)	(0.0170)	(0.0170)
日照二次项	−0.0115***	−0.0111***	−0.0111***
	(0.0014)	(0.0014)	(0.0014)
风速	0.1740***	0.1310***	0.1320***
	(0.0154)	(0.0180)	(0.0180)
风速二次项	−0.0020	−0.0089***	−0.0089***
	(0.0027)	(0.0034)	(0.0034)
常数项	−2.566***	−2.545***	−2.546***
	(0.0545)	(0.0547)	(0.0547)
调整 R^2	0.893	0.894	0.894
地区固定效应	是	是	是
时间固定效应	是	是	是
农地权重	是	是	是
样本量	70204	70204	70204

注:括号内是回归系数的标准误。*** 、** 、* 分别代表在 1%、5%、10%的水平上统计显著。

(2)时间异质性分析

表 6.5 报告了在农业改革不同阶段农业气象灾害对农业产出影响的回归结果。由于中国应对农业气象灾害风险的相关政策通常是与大农业改革协同进行的,因此遵循 Gong(2018)等研究对改革开放后我国农业改革的时间阶段划分

(详见第 4 章 4.1 小节),列(1)到(5)分别表示中国农业改革的五个主要阶段,进而探讨不同阶段农业气象灾害对农业产出的影响。

在农业改革初期的三个阶段,农业气象灾害强度增加对农业产出有显著的负向影响,但估计系数和显著性逐渐降低。其中,第一阶段(1981—1989 年)农业气象灾害综合强度增加一个标准差会造成农业产出下降12.3%,第二阶段(1990—1993 年)农业产出下降 6.43%,第三阶段(1994—1997 年)农业产出下降 4.57%。然而,列(4)和(5)的回归结果发现,在研究周期的后两个阶段(1998—2003 年、2004—2015 年),农业气象灾害强度增加对农业产出的影响不显著。总体来看,上述时间异质性分析有力地证明了随着农业改革进程不断加快,农业生产抗御自然灾害的能力得到显著提升。

表 6.5　农业气象灾害对农业产出影响的时间异质性分析

自变量	因变量:农业产出（对数形式）				
	(1) 1981—1989 年	(2) 1990—1993 年	(3) 1994—1997 年	(4) 1998—2003 年	(5) 2004—2015 年
气象灾害强度	−0.1230***	−0.0643***	−0.0457*	0.0037	0.0289
	(0.0196)	(0.0149)	(0.0272)	(0.0223)	(0.0160)
日照	0.0081	0.0207	0.0592*	0.0499*	0.0006
	(0.0266)	(0.0184)	(0.0311)	(0.0289)	(0.0145)
日照二次项	−0.0002	−0.0034**	−0.0044	−0.0034	−0.0004
	(0.0022)	(0.0016)	(0.0028)	(0.0025)	(0.0014)
风速	0.0360	0.1800***	0.0003	0.282***	0.0088
	(0.0377)	(0.0235)	(0.0446)	(0.0436)	(0.0334)
风速二次项	−0.0030	−0.0242***	−0.0094	−0.0158*	−0.0009
	(0.0065)	(0.0046)	(0.0091)	(0.0086)	(0.0073)
常数项	−1.538***	−1.565***	−0.303***	0.0821	1.284***
	(0.0921)	(0.0590)	(0.0998)	(0.0955)	(0.0496)
调整 R^2	0.675	0.783	0.697	0.598	0.698
地区固定效应	是	是	是	是	是
时间固定效应	是	是	是	是	是
农地权重	是	是	是	是	是
样本量	15136	9313	12174	15181	18167

注:括号内是回归系数的标准误。***、**、* 分别代表在 1%、5%、10% 的水平上统计显著。

(3)作物异质性分析

表 6.6 报告了农业气象灾害对不同作物大类影响的回归结果。按照作物大类,列(1)到(4)分别为粮食、油料、糖料和蔬菜作物,被解释变量为四类作物单产,即每公顷产量。结果显示,农业气象灾害综合强度增加一个标准差会导致粮食、油料、糖料和蔬菜单产分别下降 9.08%、11.3%、10.8% 和 8.63%。可以看出,油料和糖料作物受到的负向冲击更为严重,主要原因可能在于,与以大田种植为主的粮食作物相比,油料和糖料作为价值更高的经济作物,在种植经验、生长条件与选种育种等方面有所不足,对气象灾害的抵御能力相对缺乏。而同样作为典型经济作物的蔬菜,由于广泛存在大棚等设施农业种植方式,在一定程度上可以降低农业气象灾害的风险,因此其受到的负向冲击更小。

表 6.6　农业气象灾害对不同作物大类影响的回归结果

自变量	因变量:作物单产（对数形式)			
	(1) 粮食	(2) 油料	(3) 糖料	(4) 蔬菜
气象灾害强度	−0.0908***	−0.1130***	−0.1080*	−0.0863***
	(0.0114)	(0.0229)	(0.0628)	(0.0329)
日照	0.2550***	0.1840***	0.1950***	0.1440***
	(0.0127)	(0.0254)	(0.0736)	(0.0349)
日照二次项	−0.0246***	−0.0170***	−0.0250***	−0.0110***
	(0.0011)	(0.0021)	(0.0077)	(0.0030)
风速	0.0096	0.0201	0.0004	0.1790***
	(0.0131)	(0.0264)	(0.0754)	(0.0414)
风速二次项	−0.0093***	−0.0035	−0.0205	−0.0215***
	(0.0024)	(0.0049)	(0.0177)	(0.0082)
常数项	0.412***	1.831***	3.392***	4.066***
	(0.0408)	(0.0827)	(0.1890)	(0.1100)
调整 R^2	0.698	0.620	0.544	0.673
地区固定效应	是	是	是	是
时间固定效应	是	是	是	是
农地权重	是	是	是	是
样本量	77686	74214	15486	39477

注:括号内是回归系数的标准误。***、**、* 分别代表在 1%、5%、10%的水平上统计显著。

本书进一步选取水稻、小麦、玉米和大豆四种典型粮食作物,考察农业气象灾害对不同粮食作物的影响。表 6.7 报告了回归结果,其中列(1)到(4)分别为水稻、小麦、玉米和大豆,被解释变量为四类作物单产,即每公顷产量。首先,列(3)和(4)的回归结果显示,农业气象灾害综合强度增加一个标准差会导致玉米和大豆的单产分别下降 11.9% 和 10.8%,这与表 6.2 基准回归和表 6.6 作物大类的单产下降比例相似,而且在实际生产中,玉米和大豆往往存在轮作或复合种植的情况,因此两种作物面对农业灾害冲击的表现较为趋同。然而,列(1)和(2)的估计系数显示,水稻和小麦受农业气象灾害的负向冲击更小,农业气象灾害综合强度增加一个标准差会导致水稻和小麦的单产分别下降 6.13% 和 3.73%。

表 6.7 农业气象灾害对不同粮食作物影响的回归结果

自变量	因变量:作物单产（对数形式）			
	(1) 水稻	(2) 小麦	(3) 玉米	(4) 大豆
气象灾害强度	−0.0613***	−0.0373**	−0.119***	−0.108***
	(0.0171)	(0.0189)	(0.0152)	(0.0187)
日照	0.0295	0.103***	0.00789	0.117***
	(0.0183)	(0.0210)	(0.0169)	(0.0205)
日照二次项	−0.0025	−0.0089***	−0.0006	−0.0140***
	(0.0016)	(0.0017)	(0.0014)	(0.0017)
风速	0.0722***	0.2190***	0.0782***	0.0404*
	(0.0204)	(0.0217)	(0.0175)	(0.0213)
风速二次项	−0.0060	−0.0291***	−0.0108***	−0.0054
	(0.0039)	(0.0040)	(0.0033)	(0.0039)
常数项	1.514***	0.588***	1.175***	0.609***
	(0.0585)	(0.0678)	(0.0545)	(0.0765)
调整 R^2	0.741	0.688	0.738	0.717
地区固定效应	是	是	是	是
时间固定效应	是	是	是	是
农地权重	是	是	是	是
样本量	58361	68606	72229	73553

注:括号内是回归系数的标准误。***、**、* 分别代表在 1%、5%、10% 的水平上统计显著。

（4）区域异质性分析

表 6.8 展示了农业气象灾害对农业产出影响的区域异质性分析。首先将中国大陆地区按照区域内主要自然灾害的特点划分为六大自然灾害区:华北、东南、东北、西北、西南和西部(具体划分依据与省份详见第 5 章 5.1 小节)。按照负向影响程度排序,从高到低的区域依次为:东北(28.6%)、华北(11.4%)、东南(7.62%)、西南(7.35%)、西北和西部(不显著)。值得注意的是,农业气象灾害强度增加一个标准差会导致东北地区农业产出下降高达 28.6%,远超过表 6.2基准回归和表 6.8 其他地区的下降比例。可能原因在于,本书所使用的气象灾害和农业生产数据均为年末汇总报告值,考虑到东北地区的熟制为一年一熟,在漫长的生长周期任意阶段遭受气象灾害的冲击,都有可能对作物产量造成毁灭性打击,因此比照南方多熟制地区,东北地区面对灾害冲击的韧性有限。同理,华北地区以一年一熟或两年三熟为主,其农业产出下降比例也比南方地区要高。另外,农业气象灾害强度增加对西部(西藏、青海、新疆)和西北地区(陕西、甘肃、宁夏)农业产出的影响不显著,可能的原因有两点:一是本书所使用数据库中上述地区的样本量较小,二是西部和西北两个区域受自然环境影响,农作物的种植面积有限,难以形成有效的统计结果。

表 6.8　农业气象灾害对农业产出影响的区域异质性分析

自变量	因变量:农业产出(对数形式)					
	(1) 华北	(2) 东南	(3) 东北	(4) 西北	(5) 西南	(6) 西部
气象灾害强度	−0.1140***	−0.0762***	−0.2860***	−0.0298	−0.0735***	−0.1090
	(0.0432)	(0.0260)	(0.0691)	(0.0469)	(0.0207)	(0.0402)
日照	1.2370***	0.0430	0.0774	0.1070*	0.1330***	0.1280
	(0.0653)	(0.0398)	(0.1480)	(0.0564)	(0.0218)	(0.1400)
日照二次项	−0.0991***	−0.0044	−0.0058	−0.0093**	−0.0162***	−0.0082
	(0.0052)	(0.0041)	(0.0104)	(0.0045)	(0.0022)	(0.0094)
风速	0.3580***	0.1220***	0.2490***	0.0784	0.0903***	0.0657
	(0.0414)	(0.0265)	(0.0813)	(0.0697)	(0.0310)	(0.0559)
风速二次项	−0.0199***	−0.0193***	−0.0142	−0.0087	−0.0317***	−0.0118
	(0.0074)	(0.0053)	(0.0134)	(0.0157)	(0.0080)	(0.0111)

续表

自变量	因变量:农业产出（对数形式）					
	（1） 华北	（2） 东南	（3） 东北	（4） 西北	（5） 西南	（6） 西部
常数项	−6.154***	−1.876***	−1.834***	−1.646***	−1.980***	−2.174***
	(0.2110)	(0.1030)	(0.5430)	(0.1910)	(0.0602)	(0.5260)
调整 R^2	0.864	0.924	0.805	0.925	0.952	0.853
地区固定效应	是	是	是	是	是	是
时间固定效应	是	是	是	是	是	是
农地权重	是	是	是	是	是	是
样本量	15622	22477	7780	5909	13233	4950

注:括号内是回归系数的标准误。***、**、* 分别代表在 1%、5%、10% 的水平上统计显著。

6.4.3　机制分析

本章 6.1 小节具体阐述了农业气象灾害对农作物产出的影响机制。本节首先利用 2495 个县的不平衡县域面板构建了中国大陆 1981—2015 年的农业生产函数,并推导出了农业全要素生产率。表 6.9 给出了农业生产函数的估计结果,模型中各变量均为对数形式,图 6.2 进一步报告了研究周期内农业全要素生产率的分布情况。列(1)给出了柯布-道格拉斯随机前沿模型(CD-SFA)的结果,该模型是基准模型。可以看出,劳动弹性系数为 0.214、化肥弹性系数为 0.114、机械弹性系数为 0.203。列(2)和列(3)报告了其他两个模型的结果,以检验基准模型的稳健性,包括超越对数随机前沿模型(TL-SFA)和常规的柯布-道格拉斯生产函数模型(CD-CPF)。

表 6.9　生产函数模型回归结果

自变量	因变量:农业产出（对数形式）		
	（1） CD-SFA	（2） TL-SFA	（3） CD-CPF
劳动	0.2140***	0.1380***	0.1760***
	(0.0050)	(0.0486)	(0.0175)
化肥	0.1140***	0.1710***	0.0795***
	(0.0037)	(0.0370)	(0.0117)

续表

自变量	因变量:农业产出（对数形式）		
	(1) CD-SFA	(2) TL-SFA	(3) CD-CPF
机械	0.2030 ***	0.1710 ***	0.1330 ***
	(0.0035)	(0.0322)	(0.0133)
劳动 * 劳动		0.0288	
		(0.0191)	
化肥 * 化肥		0.0299 ***	
		(0.0075)	
机械 * 机械		0.0114	
		(0.0075)	
劳动 * 化肥		−0.0188	
		(0.0158)	
劳动 * 机械		−0.0199	
		(0.0149)	
化肥 * 机械		0.0278 **	
		(0.0115)	
年份固定效应	是	是	是
调整 R^2			0.908
AIC 值	37323.1	36824.4	31918.1
样本量	70204	70204	70204

注:括号内是回归系数的标准误。***、**、*分别代表在 1%、5%、10%的水平上统计显著。

在此基础上,表 6.10 报告了使用投入要素和生产率决定模型用以分析各因素通过不同途径对农业生产的边际影响结果。列(1)到(4)分别为劳动、化肥和机械三种投入要素,以及全要素生产率。在劳动和化肥投入方面,农业气象灾害综合强度增加一个标准差会分别导致劳动投入增加 2.91%、化肥投入增加 3.18%。遵循 6.7 小节的理论分析,面对气象灾害的冲击,年内农户的调整能力有限,农户通常会把有限的精力投入到方便调整的生产要素,而相对于农机设备,增加劳动力和化肥显然是短时间内更为直接及时的应对手段。以干旱为例,当灾情发生时,农户一般会增加人手,采取消防机抽水、水桶挑水等方式,分批对

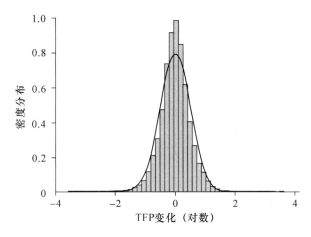

图 6.2 中国农业全要素生产率密度分布(1981—2015 年)

干旱农田进行灌溉。而农业气象灾害发生后往往会带来病虫害等次生灾害,进而影响肥效,从而使化肥投入量增加。

列(3)的结果显示,农业气象灾害综合强度增加一个标准差会导致机械投入下降 2.25%。可能的原因在于,与气候要素的缓慢变化不同,农业气象灾害具有一定的冲击力和时效性,但农机设备的使用是一种长期行为,在气象灾害频发的背景下农户往往产生悲观预期,因此减少机械投入这种长期性高价值投资。而且以洪涝为例,灾情发生时往往伴随着强降雨和雷暴天气,农机等大型设备受天气状况影响,并不适合于防灾减灾。

列(4)的结果显示,农业气象灾害综合强度增加一个标准差会导致农业全要素生产率(TFP)下降 9.18%,说明即使投入利用不变,气象灾害也可能通过降低生产技术效率影响作物的正常生长。总体来看,与三种投入要素的调整相比,灾害强度增加对全要素生产率的负向影响更大,这反映出农业气象灾害在短时间内对农业产出的作用机制,即通过降低生产技术效率和农机投入并增加劳动和化肥投入来影响农业产出。

表 6.10 农业气象灾害对农业产出的作用机制分析

自变量	(1) 劳动	(2) 化肥	(3) 机械	(4) TFP
气象灾害强度	0.0291***	0.0318**	−0.0225*	−0.0918***
	(0.0095)	(0.0137)	(0.0135)	(0.0115)
日照	0.0605***	0.0875***	0.0079	0.0508***
	(0.0105)	(0.0150)	(0.0151)	(0.0128)

续表

自变量	(1) 劳动	(2) 化肥	(3) 机械	(4) TFP
日照二次项	−0.0046***	−0.0060***	−0.0020	−0.0072***
	(0.0010)	(0.0013)	(0.0013)	(0.0011)
风速	0.0875***	0.0038	0.0415***	0.0435***
	(0.0108)	(0.0157)	(0.0157)	(0.0139)
风速二次项	−0.0154***	−0.0010	−0.0162***	−0.0014
	(0.0021)	(0.0030)	(0.0030)	(0.0028)
常数项	0.474***	−2.869***	0.453***	−0.134***
	(0.0328)	(0.0469)	(0.0474)	(0.0403)
调整 R^2	0.699	0.734	0.653	0.713
地区固定效应	是	是	是	是
时间固定效应	是	是	是	是
农地权重	是	是	是	是
样本量	70204	70204	70204	70204

注:括号内是回归系数的标准误。***、**、*分别代表在1%、5%、10%的水平上统计显著。

6.5 本章小结

随着全球气候变化所引发的气象灾害发生频率和强度明显增加,农业气象灾害对中国农业产出的影响如何?在不同时期、不同作物、不同区域之间的影响有何差异?通过何种渠道影响农户生产行为?这些问题都有待研究。鉴于此,本章利用1981—2015年中国大陆2495个县的非平衡县级农业和气候面板数据,通过固定面板模型、随机前沿生产函数模型以及投入要素与生产率决定模型,考察了农业气象灾害对中国农业产出的影响及其作用机制,为后文探讨农业气象灾害影响下中国农业生产的调整与适应性奠定了基础。

本章研究发现:农业气象灾害对中国农业产出有显著的负向影响,具体来看,农业气象灾害综合强度增加一个标准差会导致农业单位产值下降7.79%。日照和风速两个附加天气变量与农业单位产出之间存在"倒U形"的非线性关系。进一步考察农业气象灾害对农作物产出的影响机制,研究发现,农业气象灾害强度增加,会带来劳动、化肥两种投入要素的增加,但会减少农业机械投入。

此外,农业气象灾害强度增加对农业全要素生产率(TFP)也有着显著的负向影响。

　　本章研究还发现:在灾害类型方面,不同农业气象灾害类型对农业产出的影响存在差异,洪涝和冷害两种灾害强度增加对农业产出的负向影响更大,而干旱和热浪强度增加的影响较小或无显著影响,而灌溉可能是调节干旱和热浪两种灾害负向影响的有效手段。在时间维度,随着农业改革进程不断加快,农业气象灾害对农业产出的负向影响逐渐降低,农业生产抗御自然灾害的能力得到有效提升。在作物类别方面,农业气象灾害强度增加对粮食、油料、糖料和蔬菜单产都有不同程度的冲击,但油料和糖料作物受到的负向冲击更为严重。针对粮食作物,相比于玉米和大豆,水稻和小麦受农业气象灾害的负向冲击更小。在地区维度,东北地区和华北地区面对灾害冲击的韧性有限,其农业产出的下降比例比东南和西南地区要高。

7 农业气象灾害影响下中国农业生产的适应性评估

有效的调整与适应措施可以减少农业气象灾害对农业产出的负面影响。第6章从实证角度探究农业气象灾害对中国农业生产的总体影响与作用机制,尤其关注年内的农业产出及其调整。本章在此基础上,进一步从实证角度评估农业气象灾害影响下中国农业生产的适应情况。本章内容安排如下:7.1小节展示了面对农业气象灾害时农业生产在各时间阶段的适应机制分析框架。7.2小节将动态面板模型与长期差异模型引入实证研究,为后文的实证分析提供模型支撑。7.3小节介绍了变量选择与所使用数据的基本情况。7.4小节为研究结果分析部分,从短期应对、中期调整与长期适应三个阶段评估中国农业生产对农业气象灾害的适应性。7.5小节为本章小结。

7.1 机理分析

评估农业气象灾害影响下中国农业生产的适应情况,首先要全方位、多阶段厘清农业气象灾害影响农业生产的适应机制。第6章6.1小节探讨了年内的农业产出及其调整,一般来说,在年内农户的调整能力有限,最直接的选择就是对投入要素的调整,尤其是劳动、化肥等方便及时调整投入量的生产要素。然而对于土地要素来说,种植面积和作物组合的调整可能需要更长的时间,农户一旦在生长季节开始时做出种植决定,往往很难在年内做出调整。基于此,本章在考察投入要素与全要素生产率的基础上,进一步关注农业气象灾害影响下作物种植结构在短期和中期的变化,并使用"长期差异法"量化研究周期前后农业气象灾害长期适应能力。

图7.1展示了面对农业气象灾害时农业产出在各时间阶段的适应机制分析框架。首先考虑农户在面对农业气象灾害冲击时3年内的短期应对情况。短期

来看,与年内相比,农户拥有了一定的空间和时间对投入要素进行调整,但由于农户对农业气象灾害的感知能力和经验依然有限,因此短期来看,农户对各投入要素的调整很可能继续遵循年内的调整方向,但调整的幅度会降低。针对农业全要素生产率,一方面,农业气象灾害依然会通过生产效率的降低对农业生产带来负面影响;另一方面,气象灾害的频繁发生会推动适应气象灾害的技术研发,进而带动农业生产技术进步,在一定程度上可以减轻上述负面影响,但短期来看影响程度有限。对于作物种植面积的调整,农户在感知到最新的气候信息变化后会优化作物选择,提高面对气象灾害韧性更高的作物种植份额。

　　进一步,考虑农户在面对农业气象灾害冲击时 5 年内的中期调整情况。随着农户对农业气象灾害的适应能力增强,农业生产活动趋于稳定,中期来看,农户对各投入要素的调整幅度可能会逐渐回落甚至减少投入量。针对农业全要素生产率,随着农业生产活动恢复到正常水平,短期通过生产效率降低带来的负向影响可能会进一步减弱,而由于新技术、新品种的应用和普及,技术进步带来的正向效应逐渐显现,农业全要素生产率对农业产出的负向影响可能不显著。对作物种植面积的调整,与投入要素类似,农户对作物种植份额的调整逐渐降低,作物组合重新回到稳定状态。

　　最后,考虑在整个研究周期内农户对农业气象灾害的长期适应情况。本书引入长期差异模型,将面板模型估计的短期影响与长期差异模型估计的长期影响进行比较,重点关注的是在整个研究周期内,农业气象灾害带来的负面影响能否在长期被抵消,为量化农户的长期适应能力提供实证证据。由于农户调整与适应能力的提升,长期来看农业气象灾害对农业产值的负向影响可能会小于短期,各投入要素可能在一定程度上抵消气象灾害对农业生产的短期影响。针对农业全要素生产率,由于农业技术进步的正向效应在长期更为显著,农业全要素生产率对灾害短期影响的抵消作用相对于投入调整可能更大。

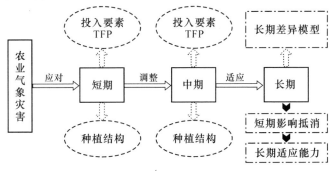

图 7.1　农业气象灾害影响农业产出的适应机制分析框架

7.2 模型构建

7.2.1 动态面板模型

面对农业气象灾害的冲击时,农户通常有强烈的动机对其生产行为进行调整,以减轻灾情对农业生产的负面影响。由于不同调整行为的灵活性存在差异,有些行动可以在短期内立即采用,而其他的行动可能需要更长时间,甚至在中长期体现适应性。在第6章投入要素和生产率决定模型的基础上,本章进一步构建动态面板模型,分别在短期和中期评估农业气象灾害影响下农业生产要素与种植结构的变动情况,以反映农户的应对与调整。

首先,在式(6.4)的基础上,本章构建短期动态投入要素和生产率决定模型,考察农业气象灾害影响下农业投入要素与生产率在短期的变动情况:

$$
\begin{cases}
Z_{it}^k = \sum_{l=0}^{3} \beta_l D_{i,t-l} + \sum_{l=0}^{3} \gamma_l X_{i,t-l} + \alpha_{it} + \lambda_i + \varphi_t + \varepsilon_{it} \\
T\hat{F}P_{it} = \sum_{l=0}^{3} \beta_l D_{i,t-l} + \sum_{l=0}^{3} \gamma_l X_{i,t-l} + \alpha_{it} + \lambda_i + \varphi_t + \varepsilon_{it}
\end{cases}
\tag{7.1}
$$

其中:Z_{it}^k 指第 k 种农业投入要素,具体分别为劳动、化肥、机械三种投入要素每公顷投入量;$T\hat{F}P_{it}$ 为农业全要素生产率的估计结果,上述均取对数形式。为了追踪随时间变化的动态影响,对农业气象灾害强度指数 D 和所有其他天气控制变量 X(日照、风速)取滞后项,在短期设定为 3 年,即允许 3 期滞后。地区固定效应为 λ_i,时间固定效应为 φ_t,ε_{it} 是随机扰动项。

除了投入要素与生产率变动,基于 7.1 小节的机制分析,本书认为作物种植面积的调整可以潜在地减轻农业气象灾害对作物生产的影响。因此,遵循第 6 章实证部分的作物选择,本章分别构建基于作物大类和粮食作物的短期动态面板模型,考察农业气象灾害影响下不同作物在短期种植结构的变动情况:

$$
\begin{cases}
Crop_{it}^k = \sum_{l=0}^{3} \beta_l D_{i,t-l} + \sum_{l=0}^{3} \gamma_l X_{i,t-l} + \alpha_{it} + \lambda_i + \varphi_t + \varepsilon_{it} \\
Grain_{it}^k = \sum_{l=0}^{3} \beta_l D_{i,t-l} + \sum_{l=0}^{3} \gamma_l X_{i,t-l} + \alpha_{it} + \lambda_i + \varphi_t + \varepsilon_{it}
\end{cases}
\tag{7.2}
$$

其中:$Crop_{it}^k$ 表示地区 i 第 k 种作物在第 t 年的种植面积份额,具体关注四种典型作物大类:粮食、油料、糖料和蔬菜。$Grain_{it}^k$ 表示地区 i 第 k 种粮食作物在第 t 年的种植面积份额,具体关注四种典型粮食作物:水稻、小麦、玉米和大豆。其他变量的含义与式(7.1)一致。

进一步,本章继续构建中期动态投入要素和生产率决定模型:

$$
\begin{cases}
Z_{it}^k = \sum_{l=0}^{5} \beta_l D_{i,t-l} + \sum_{l=0}^{5} \gamma_l X_{i,t-l} + \alpha_{it} + \lambda_i + \varphi_t + \varepsilon_{it} \\
\hat{TFP}_{it} = \sum_{l=0}^{5} \beta_l D_{i,t-l} + \sum_{l=0}^{5} \gamma_l X_{i,t-l} + \alpha_{it} + \lambda_i + \varphi_t + \varepsilon_{it}
\end{cases}
\tag{7.3}
$$

以及基于作物大类和粮食作物的短期动态面板模型,考察农业气象灾害影响下中期农业生产要素与种植结构的变动情况:

$$
\begin{cases}
Crop_{it}^k = \sum_{l=0}^{5} \beta_l D_{i,t-l} + \sum_{l=0}^{5} \gamma_l X_{i,t-l} + \alpha_{it} + \lambda_i + \varphi_t + \varepsilon_{it} \\
Grain_{it}^k = \sum_{l=0}^{5} \beta_l D_{i,t-l} + \sum_{l=0}^{5} \gamma_l X_{i,t-l} + \alpha_{it} + \lambda_i + \varphi_t + \varepsilon_{it}
\end{cases}
\tag{7.4}
$$

其中,为了追踪中期随时间变化的动态影响,对农业气象灾害强度指数 D 和所有其他天气控制变量 X(日照、风速)取滞后项,在中期设定为 5 年,即允许 5 期滞后。其他的设定均与式(7.1)和式(7.2)一致。

7.2.2 长期差异模型

长期差异模型(The Long Differences Approach)通常用于估计农业产出如何对气候的长期变化做出反应。Burke and Emerick(2016)利用了这种变化,通过长期差异(LD)线性回归框架估计了热量对美国作物产量的影响。为了更好地理解长期差异模型如何捕捉长期适应性,使用 δ_S 代表农业产出对天气冲击的短期反应,δ_L 代表农业产出对气候变化的长期反应。构建农业产出模型如下:

$$
y_{it} = \delta_S w_{it} + \delta_L c_{it} + \alpha_{it} + \varepsilon_{it}
\tag{7.5}
$$

其中,w_{it} 和 c_{it} 分别代表天气冲击和气候变化,但是这二者一般无法完全剥离,而通常可观察到的实际气候变量为 $x_{it} = w_{it} + c_{it}$。Burke and Emerick(2016)提出将实际气候变量回归的 FE 估计量与 LD 估计量进行比较,以检验是否存在长期适应性。线性模型 FE 模型有如下形式:

$$
y_{it} = \beta_{FE} x_{it} + \alpha_{it} + \varepsilon_{it}
\tag{7.6}
$$

长期变化是由给定区域的两个不同时间点之间的差异构成的。以农业产出为例,考虑两个时间周期 a 和 b,长期差异为 $\Delta \overline{y_l} = \overline{y_{la}} - \overline{y_{lb}}$。为了避免使用单一年份产生偏误,现有文献通常使用多年周期的平均值。如果每个时期跨度为 n 年,则 a 时期的平均农业产量为 $\overline{y_{la}} = (\sum_{t \in a} y_{it})/n$,$b$ 时期的平均农业产量为 $\overline{y_{lb}} = (\sum_{t \in b} y_{it})/n$。综上可以建立两个周期下的长期差异模型:

$$\overline{y_{lb}} - \overline{y_{la}} = \beta_{LD}(\overline{x_{lb}} - \overline{x_{la}}) + \overline{\varepsilon_{lb}} - \overline{\varepsilon_{la}} \tag{7.7}$$

为了消除式(7.7)中未观察到的时变因素的影响,本研究遵循 Burke and Emerick(2016)和 Chen and Gong(2021)的设定,将数据集划分为两个子样本,其中一个子样本代表时间周期前半段,另一个代表时间周期后半段。在式(6.1)的基础上,将每个子样本的相关变量做上述长期差异变换,并引入式(7.7)的长期差异模型,最终得到如下的两周期"长期差异"模型:

$$\Delta \overline{Y_l} = \beta_{LD} \Delta \overline{D_l} + \gamma \Delta \overline{X_l} + \lambda_i + \Delta \overline{\varepsilon_l} \tag{7.8}$$

其中,Y_l 代表实际农业产出的对数。

遵循上述设定,本章进一步构建基于投入要素和生产率的长期差异模型:

$$\begin{cases} \Delta \overline{Z_l^k} = \beta_{LD} \Delta \overline{D_l} + \gamma \Delta \overline{X_l} + \lambda_i + \Delta \overline{\varepsilon_l} \\ \Delta \overline{TFP_l} = \beta_{LD} \Delta \overline{D_l} + \gamma \Delta \overline{X_l} + \lambda_i + \Delta \overline{\varepsilon_l} \end{cases} \tag{7.9}$$

为了消除式(7.8)和式(7.9)中可能与气象灾害和农业结果相关的随时间变化的不可观测因素,本书遵循 Chen and Gong(2021)的设定,在长期差异模型的基础上,构建一个单独的两周期长期差异面板模型,具体设定如下:

$$\begin{cases} \Delta \overline{Y_{lt}} = \beta_{LD} \Delta \overline{D_{lt}} + \gamma \Delta \overline{X_{lt}} + \lambda_i + \varphi_t + \Delta \overline{\varepsilon_{lt}} \\ \Delta \overline{Z_{lt}^k} = \beta_{LD} \Delta \overline{D_{lt}} + \gamma \Delta \overline{X_{lt}} + \lambda_i + \varphi_t + \Delta \overline{\varepsilon_{lt}} \\ \Delta \overline{TFP_{lt}} = \beta_{LD} \Delta \overline{D_{lt}} + \gamma \Delta \overline{X_{lt}} + \lambda_i + \varphi_t + \Delta \overline{\varepsilon_{lt}} \end{cases} \tag{7.10}$$

其中,t 表示前后两个周期。虽然这种两期面板方法消除了对时变不可观测因素的担忧,但它需要较长时间的面板数据。出于这一考虑,本书将式(7.8)和(7.9)中截面式的长期差异方法作为基准方法,将式(7.10)中面板长期差异模型作为稳健性检验。

综上所述,量化农业气象灾害长期适应能力的基本思路是:将面板模型估计的短期影响与长期差异模型估计的长期影响进行比较,如果短期影响被长期抵消,就可以观察到农业气象灾害影响下农户在长期的适应行为。基于面板模型得到的 FE 估计量和长期差异模型得到的 LD 估计量,$(1-\beta_{LD}/\beta_{FE})$ 给出了长期影响抵消短期影响的整体百分比(Burke and Emerick,2016;Chen and Gong,2021),用来作为对农业气象灾害长期适应性的衡量标准。

本章使用长期差异模型评估中国农业生产对农业气象灾害的适应性,主要基于以下两个原因:一方面,在理论层面,本书构建农业气象灾害强度指标所使用的原始数据来源于温度、降水等外生气候数据,因此考察农业产出等变量如何对农业气象灾害的长期变化做出反应时,仍然存在来自天气冲击的短期反应和来自气候变化的长期反应,这在原理上与气候变化相关文献中使用的 LD 估计框架一致;另一方面,在实证部分,长期差异模型需要较长周期的面板数据,例如,Burke and Emerick(2016)使用 40 年的美国农业数据估计了热量对美国作物产量的影响,Chen and Gong(2021)使用 35 年的中国农业数据估计了气候变化对中国农业生产的影响。而本书采用的中国县级农业与灾害面板数据覆盖周期与上述研究相似,因此从实证角度使用长期差异模型同样具有可行性。

7.3　变量说明

7.3.1　变量选择

与第 6 章的实证部分保持一致,本章依然使用的是 1981—2015 年中国大陆 2495 个县的非平衡县级农业和气候面板数据。其中,农业数据基于原农业部县级农作物数据库①,该数据库收集了 1981—2015 年各县的农业产出、各农业投入要素和主要农作物产量等农业生产相关数据。在产出方面,本章选取的农业产出变量是以 1990 年不变价格计算的每公顷农业总产值(万元/公顷);在投入方面,有三种主要的投入要素,其中劳动投入选取的是每公顷乡村农业从业人数(人/公顷),化肥投入采用的是每公顷农用化肥施用折纯量,机械投入采用的是每公顷农业机械总动力(千瓦特/公顷)。在种植结构的测度方面,本章选取的是各个作物的种植份额,即作物种植面积/总播种面积(%),用以反映各个作物在不同时间段的种植比例调整。

气象数据来源于中国气象数据网②。首先,选择覆盖中国大陆的 820 个气象观测站所记录的日值气象数据(包括最低、最高、平均气温,降水,风速和日照时数等基本气象指标),使用逆距离加权(IDW)方法匹配了上述农业数据库中

---

①　该数据库初始来源为原农业部种植业管理司的中国种植业信息网县级农作物数据库: http://zzys.agri.gov.cn/nongqingxm.aspx.(该数据库的下载渠道已关闭),具体所需变量和数据由笔者整理所得。

②　该数据库初始来源为 http://data.cma.cn,具体所需变量和数据由笔者整理所得。

包含的 2495 个县的气象数据,实现了县级农业数据库与气象数据库的连接。然后,计算洪涝、干旱、热浪和冷害四种灾害强度指标。最后,为了确保没有一个单一的灾害成分主导灾害指数,采用该县在所有年份内灾害类型的标准差的倒数作为精确权重,并最终加总成为综合农业气象灾害强度指数(详见第 5 章 5.2 小节)。

7.3.2 描述性统计

表 7.1 展示了本章所使用的主要变量描述性统计情况,由于主要农业产出变量和气象灾害变量的选择与第 6 章一致,因此相同的变量在表 7.1 中不再赘述。根据描述性统计的结果,各县主要农作物的种植面积与份额呈现出较大不同。从作物大类来看,1981—2015 年各县平均播种粮食作物 4.289 万公顷、油料作物 0.476 万公顷、糖料作物 0.089 万公顷和蔬菜作物 0.437 万公顷。从 4 种作物大类的种植份额来看,粮食作物平均占比高达 71.9%,其次是蔬菜作物 (8.6%)与油料作物(8.1%),糖料作物的平均占比最小,仅有 1.7%。综合全国各县的平均情况,粮食播种面积仍然占据主导地位,这与我国"全面夯实粮食安全根基"的战略相一致,而糖料作物受生产区域限制种植面积有限。

进一步,具体分析粮食作物的种植情况,1981—2015 年各县平均播种水稻 1.543 万公顷、小麦 1.166 万公顷、玉米 0.963 万公顷和大豆 0.238 万公顷。从种植份额来看,水稻的平均占比高达 26.1%,远高于小麦的 19.8%与玉米的 17.9%,大豆的平均占比仅有 4.3%。综合全国各县的平均情况,水稻的种植份额最高,这与实际农业生产中我国水稻种植范围较广关系密切。

表 7.1　主要作物种植情况的描述性统计

变量	单位	均值	标准差	最小值	最大值	样本量
播种面积	万公顷	5.893	4.319	0.184	19.204	70204
粮食面积	万公顷	4.289	3.216	0.107	15.134	74359
油料面积	万公顷	0.476	0.561	0.004	2.863	73185
糖料面积	万公顷	0.089	0.179	0.001	1.167	40308
蔬菜面积	万公顷	0.437	0.465	0.007	2.357	72420
水稻面积	万公顷	1.543	1.734	0.003	7.737	57083
小麦面积	万公顷	1.166	1.392	0.003	6.372	66619
玉米面积	万公顷	0.963	1.079	0.004	5.586	70370

续表

变量	单位	均值	标准差	最小值	最大值	样本量
大豆面积	万公顷	0.238	0.332	0.004	2.242	70929
粮食份额	%	71.9	15.0	1.7	100	72196
油料份额	%	8.1	7.9	0	99.1	68897
糖料份额	%	1.7	3.9	0	70.8	37793
蔬菜份额	%	8.6	9.4	0	99.9	67460
水稻份额	%	26.1	21.4	0	99.5	53033
小麦份额	%	19.8	16.9	0	100	62029
玉米份额	%	17.9	15.9	0	100	65891
大豆份额	%	4.3	5.8	0	96.5	66667

7.4 研究结果与分析

7.4.1 短期应对

(1)投入要素与全要素生产率

表 7.2 报告了农业气象灾害影响下各投入要素与农业全要素生产率的三年短期应对情况,其中列(1)到(4)分别为劳动、化肥和机械三种投入要素,以及全要素生产率。在劳动投入方面,受到农业气象灾害冲击后的第一年,灾害综合强度指数每增加一个标准差,劳动投入提高 2.32%,而第二年灾害强度对劳动投入的影响并不显著,第三年灾害强度增加一个标准差会使劳动投入降低1.97%。在农业全要素生产率方面,受到农业气象灾害冲击后的第一年,灾害强度指数每增加一个标准差,农业 TFP 下降 7.65%,第二年灾害强度增加一个标准差会使农业 TFP 下降 5.6%,第三年下降 5.91%。此外,短期来看,化肥和机械投入对农业气象灾害的响应在统计学上并不显著。

表 7.2　农业气象灾害影响下的短期应对:投入要素与 TFP

气象灾害	（1） 劳动	（2） 化肥	（3） 机械	（4） TFP
灾害:年内	0.0335 ***	0.0215	0.0001	− 0.0883 ***
	(0.0100)	(0.0140)	(0.0142)	(0.0120)
灾害:第一年	0.0232 **	− 0.0124	0.0108	− 0.0765 ***
	(0.0099)	(0.0139)	(0.0140)	(0.0118)
灾害:第二年	0.0092	− 0.0019	− 0.0165	− 0.0560 ***
	(0.0099)	(0.0138)	(0.0140)	(0.0118)
灾害:第三年	− 0.0197 **	− 0.0117	− 0.0200	− 0.0591 ***
	(0.0099)	(0.0138)	(0.0140)	(0.0119)
附加天气变量	是	是	是	是
地区固定效应	是	是	是	是
时间固定效应	是	是	是	是
农地权重	是	是	是	是
样本量	63742	64229	64071	54714

注:括号内是回归系数的标准误。*** 、** 、* 分别代表在 1%、5%、10% 的水平上统计显著。

在此基础上,图 7.2 进一步展示了灾害影响下投入要素与 TFP 的短期动态变化趋势。可以看出,在短期劳动投入经历了先上升再下降的变动趋势,说明增加人手作为短时间内更为直接方便的应对手段依然是农户应对灾情的首选,而随着农业生产活动趋于稳定,多余的人手又重新开始转移到其他行业,劳动投入开始下降。农业气象灾害强度增加对全要素生产率的负向影响在短期一直存在,但根据估计系数的大小,这种负向影响有明显减小,其主要原因可能有两点:一是随着农户适应能力提升,带来了生产效率的恢复;二是新技术的研发推动了农业技术进步,在一定程度上可以减轻负面影响。但由于新技术的研发和应用需要时间去推广,在短期影响有限,因此本书认为在短期生产效率的提高是主导原因。此外,对于化肥和机械投入不显著的原因,需要根据本章后面中期的实证证据做进一步分析。

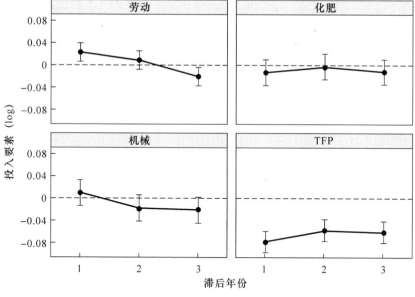

图 7.2 灾害影响下投入要素与 TFP 的短期动态影响

（2）农作物种植份额

表 7.3 和图 7.3 共同展示了农业气象灾害影响下作物大类种植份额的短期变动情况。按照作物大类，列（1）到（4）分别为粮食、油料、糖料和蔬菜作物，被解释变量为四类作物占总播种面积的种植份额。短期来看，在农业气象灾害影响下，粮食作物和油料作物的种植份额总体呈波动上升趋势。其中，受到农业气象灾害冲击后的三年期，灾害综合强度指数每增加一个标准差，粮食作物的种植份额分别提高 0.71%、1.68% 和 0.84%；油料作物的种植份额分别提高 0.59%、1.37% 和 0.69%。而对于糖料和蔬菜作物，在农业气象灾害影响下，这两种作物的种植份额有轻微下降，或在统计学上不显著。

表 7.3 农业气象灾害影响下的短期应对：作物大类种植份额

气象灾害	因变量：作物种植份额			
	（1） 粮食	（2） 油料	（3） 糖料	（4） 蔬菜
灾害：年内	0.0006	0.0001	−0.0009	−0.0023
	（0.0034）	（0.0020）	（0.0019）	（0.0022）
灾害：第一年	0.0071**	0.0059***	−0.0023	−0.0038*
	（0.0034）	（0.0020）	（0.0018）	（0.0021）

续表

气象灾害	因变量:作物种植份额			
	（1） 粮食	（2） 油料	（3） 糖料	（4） 蔬菜
灾害:第二年	0.0168***	0.0137***	−0.0028	−0.0037*
	(0.0034)	(0.0020)	(0.0018)	(0.0021)
灾害:第三年	0.0084**	0.0069***	−0.0034*	−0.0057***
	(0.0034)	(0.0020)	(0.0018)	(0.0021)
附加天气变量	是	是	是	是
地区固定效应	是	是	是	是
时间固定效应	是	是	是	是
农地权重	是	是	是	是
样本量	66641	65390	37235	65895

注:括号内是回归系数的标准误。***、**、*分别代表在1%、5%、10%的水平上统计显著。

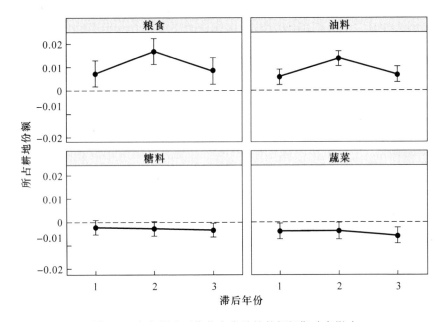

图7.3　灾害影响下作物大类种植份额短期动态影响

遵循第6章对农作物的研究思路,进一步考察四种主要粮食作物的短期种植份额变化。表7.4和图7.4共同展示了农业气象灾害影响下粮食作物种植份额的短期变动情况。列(1)到(4)分别为水稻、小麦、玉米和大豆,被解释变量为四类作物占总播种面积的种植份额。短期来看,在农业气象灾害影响下,水稻的种植份额呈明显上升趋势,其中,受到农业气象灾害冲击后的三年期,灾害综合强度指数每增加一个标准差,水稻的种植份额分别提高2.33%、1.55%和1.38%。另外,其他三种作物的种植份额均存在波动,小麦在受到灾害冲击后的第二年种植份额下降1.2%,大豆在受到灾害冲击后的第二年和第三年,其种植份额分别上升0.49%和0.52%,短期内玉米的种植份额在统计学上没有显著变化。

表 7.4　农业气象灾害影响下的短期应对:粮食作物种植份额

自变量	因变量:作物种植份额			
	(1) 水稻	(2) 小麦	(3) 玉米	(4) 大豆
灾害:年内	0.0172***	−0.0108***	−0.0087***	0.0050***
	(0.0030)	(0.0031)	(0.0030)	(0.0016)
灾害:第一年	0.0233***	0.0027	−0.0002	0.0014
	(0.0030)	(0.0030)	(0.0030)	(0.0015)
灾害:第二年	0.0155***	−0.0120***	0.0012	0.0049***
	(0.0030)	(0.0030)	(0.0030)	(0.0015)
灾害:第三年	0.0138***	−0.0048	−0.0007	0.0052***
	(0.0030)	(0.0030)	(0.0030)	(0.0015)
附加天气变量	是	是	是	是
地区固定效应	是	是	是	是
时间固定效应	是	是	是	是
农地权重	是	是	是	是
样本量	49982	58750	62662	63011

注:括号内是回归系数的标准误。***、**、*分别代表在1%、5%、10%的水平上统计显著。

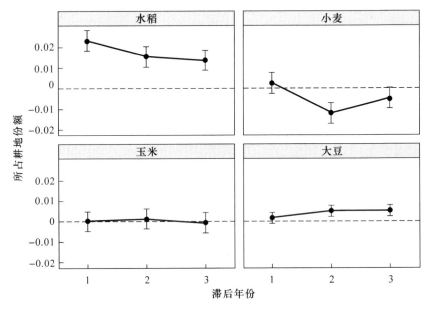

图 7.4 灾害影响下粮食作物种植份额短期动态影响

7.4.2 中期调整

(1)投入要素与全要素生产率

表 7.5 报告了农业气象灾害影响下各投入要素与农业全要素生产率的 5 年中期调整情况,其中列(1)到(4)分别为劳动、化肥和机械三种投入要素,以及全要素生产率。在劳动投入方面,前三年的变动与表 7.2 中报告的回归结果相一致,重点关注中期后续两年的变动,可以看出,受到农业气象灾害冲击后的第四年,灾害综合强度指数每增加一个标准差,劳动投入下降 3.44%,第五年灾害综合强度增加一个标准差会使劳动投入降低 3.09%。在农业全要素生产率方面,受到农业气象灾害冲击后的第四年,灾害强度指数每增加一个标准差,农业全要素生产率下降 3.06%,而第五年灾害强度对农业 TFP 的影响并不显著。在化肥投入方面,受到农业气象灾害冲击后的第四年和第五年,农业气象灾害强度增加一个标准差分别会导致化肥投入下降 2.41% 和 5.88%。此外,中期的回归结果表明机械投入对农业气象灾害的响应在统计学上依然不显著。

表 7.5　农业气象灾害影响下的中期调整:投入要素与 TFP

气象灾害	(1) 劳动	(2) 化肥	(3) 机械	(4) TFP
灾害:年内	0.0307 ***	0.0193	− 0.0044	− 0.0876 ***
	(0.0104)	(0.0143)	(0.0147)	(0.0124)
灾害:第一年	0.0189 *	− 0.0143	0.0121	− 0.0757 ***
	(0.0102)	(0.0143)	(0.0146)	(0.0123)
灾害:第二年	0.0036	− 0.0067	− 0.0106	− 0.0705 ***
	(0.0103)	(0.0143)	(0.0146)	(0.0123)
灾害:第三年	− 0.0260 **	− 0.0221	− 0.0100	− 0.0678 ***
	(0.0102)	(0.0141)	(0.0145)	(0.0123)
灾害:第四年	− 0.0344 ***	− 0.0241 *	0.0004	− 0.0306 **
	(0.0102)	(0.0141)	(0.0145)	(0.0123)
灾害:第五年	− 0.0309 ***	− 0.0588 ***	− 0.0165	− 0.0090
	(0.0102)	(0.0141)	(0.0144)	(0.0122)
附加天气变量	是	是	是	是
地区固定效应	是	是	是	是
时间固定效应	是	是	是	是
农地权重	是	是	是	是
样本量	59305	59832	59768	51174

注:括号内是回归系数的标准误。*** 、** 、* 分别代表在 1%、5%、10% 的水平上统计显著。

在此基础上,图 7.5 进一步展示了灾害影响下投入要素与 TFP 的中期动态变化趋势。可以看出,在短期应对的基础上,劳动投入有进一步下降的趋势,说明随着农户对气象灾害适应能力的提升,剩余劳动力不断从农业部门转移到其他部门。农业气象灾害强度增加对全要素生产率的负向影响在中期仍然存在,但这种负向影响越来越小,到第五年在统计学上已经不显著,这说明除了生产效率的进一步恢复,农业科技进步带来的新技术、新品种的推广应用,逐渐影响农业全要素生产率,给农业气象灾害冲击下的农业生产带来正向的效应。

针对化肥和机械投入,第 6 章 6.4.3 小节的回归结果发现,在年内农业气象灾害综合强度增加一个标准差分别导致化肥投入增加 3.18%、机械投入下降 2.25%。然而,前文短期应对与本节中期调整的回归结果均证明了面对农业气象灾害冲击,对化肥和机械投入的调整主要是短时间的应急方案,并不是长期有效的调整手段。此外,表 7.5 还报告了化肥投入在中期显著降低,这可能是由于农业科技进步给化肥投入带来减量增效的效果。

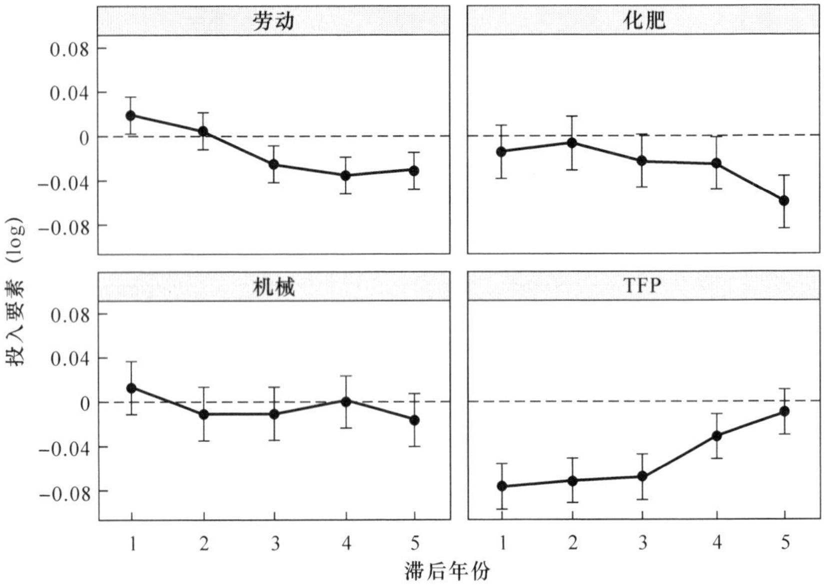

图 7.5　灾害影响下投入要素与 TFP 的中期动态影响

(2)农作物种植份额

表 7.6 和图 7.6 共同展示了农业气象灾害影响下作物大类种植份额的中期变动情况。按照作物大类,列(1)到(4)分别为粮食、油料、糖料和蔬菜作物,被解释变量为四类作物占总播种面积的种植份额。中期来看,在农业气象灾害影响下,粮食作物依然呈稳定的上升趋势,受到农业气象灾害冲击后的第四年和第五年,粮食作物的种植份额分别提高 1.83% 和 1.04%。油料作物在中期有所波动,但其种植比例仍然有所增长。与短期相比,蔬菜作物的种植份额下降明显,受到农业气象灾害冲击后的第四年和第五年,蔬菜作物的种植比例分别下降 1.29% 和 1.10%。此外,农业气象灾害对糖料作物的种植份额在统计学上几乎不显著。

表 7.6　农业气象灾害影响下的中期调整:作物大类种植份额

自变量	因变量:作物种植份额			
	(1) 粮食	(2) 油料	(3) 糖料	(4) 蔬菜
灾害:年内	−0.0031	−0.0017	−0.0007	−0.0008
	(0.0035)	(0.0020)	(0.0019)	(0.0022)

续表

自变量	因变量:作物种植份额			
	（1）粮食	（2）油料	（3）糖料	（4）蔬菜
灾害:第一年	0.0032	0.0024	−0.0021	−0.0041*
	(0.0035)	(0.0020)	(0.0019)	(0.0022)
灾害:第二年	0.0113***	0.0163***	−0.0022	−0.0049**
	(0.0035)	(0.0020)	(0.0019)	(0.0022)
灾害:第三年	0.0142***	0.0073***	−0.0033*	−0.0085***
	(0.0035)	(0.00209)	(0.0019)	(0.0022)
灾害:第四年	0.0183***	0.0009	−0.0024	−0.0129***
	(0.0035)	(0.0020)	(0.0019)	(0.0022)
灾害:第五年	0.0104***	0.0044**	−0.0025	−0.0110***
	(0.0035)	(0.0020)	(0.0019)	(0.0022)
附加天气变量	是	是	是	是
地区固定效应	是	是	是	是
时间固定效应	是	是	是	是
农地权重	是	是	是	是
样本量	61875	60821	34866	61592

注:括号内是回归系数的标准误。***、**、*分别代表在1%、5%、10%的水平上统计显著。

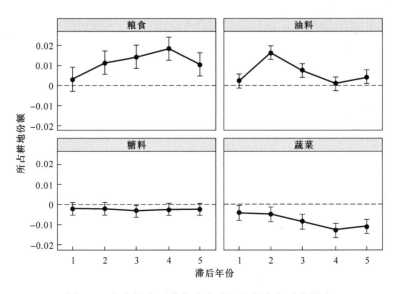

图 7.6　灾害影响下作物大类种植份额中期动态影响

　　进一步考察四种主要粮食作物的中期种植份额变化。表7.7和图7.7共同展示了农业气象灾害影响下粮食作物种植份额的中期变动情况。列(1)到(4)分别为水稻、小麦、玉米和大豆,被解释变量为四类作物占总播种面积的种植份额。与短期的变动类似,在中期水稻的种植比例继续上升,受到农业气象灾害冲击后的第四年,其种植份额仍能提高1.61%。另外,其他三种作物的种植份额继续波动,小麦呈波动下降的趋势,而大豆呈波动上升的趋势,而玉米的种植份额并没有明显的统计学趋势。

表 7.7　农业气象灾害影响下的中期调整:粮食作物种植份额

自变量	因变量:作物种植份额			
	(1) 水稻	(2) 小麦	(3) 玉米	(4) 大豆
灾害:年内	0.0105***	−0.0129***	−0.0062**	0.0056***
	(0.0030)	(0.0032)	(0.0031)	(0.0016)
灾害:第一年	0.0146***	0.0019	−0.0032	0.0017
	(0.0030)	(0.0032)	(0.0031)	(0.0016)
灾害:第二年	0.0089***	−0.0106***	−0.0046	0.0038**
	(0.0030)	(0.0032)	(0.0031)	(0.0016)
灾害:第三年	0.0116***	0.0035	0.0015	0.0055***
	(0.0030)	(0.0032)	(0.0030)	(0.0016)
灾害:第四年	0.0161***	−0.0048	0.0082***	0.0004
	(0.0030)	(0.0032)	(0.0031)	(0.0016)
灾害:第五年	0.0009	−0.0156***	0.0023	0.0028*
	(0.0030)	(0.0031)	(0.0030)	(0.0016)
附加天气变量	是	是	是	是
地区固定效应	是	是	是	是
时间固定效应	是	是	是	是
农地权重	是	是	是	是
样本量	46434	54586	58658	58692

　　注:括号内是回归系数的标准误。***、**、*分别代表在1%、5%、10%的水平上统计显著。

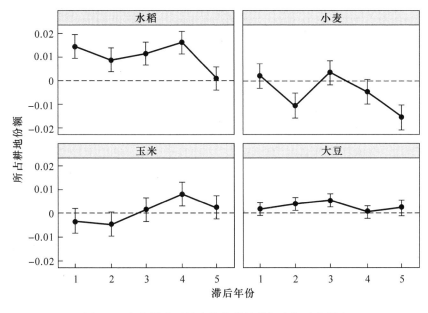

图 7.7 灾害影响下粮食作物种植份额中期动态影响

综合短期和中期种植份额变动的实证证据,可以总结农业气象灾害影响下各作物的种植份额变动趋势。从作物大类来看,农户更愿意种植粮食和油料作物以应对农业气象灾害的冲击。进一步细分四种主要粮食作物,农户更愿意提高水稻和大豆的种植比例。这一方面体现了上述作物本身的生长特性更强于抵御农业气象灾害的冲击,另一方面也说明农户面对灾害的调整与适应能力,即针对上述作物的新技术或新品种较快地研发与应用,有效地提高了作物的种植韧性。特别地,针对蔬菜作物的种植份额下降,可能的原因在于,农户为了防止未来灾害的潜在影响,以降低作物生产的平均收益为代价,扩大韧性更高的作物种植面积,而蔬菜作为价值较高的经济作物符合上述逻辑,即当保险市场不完全时,农户可能愿意降低平均收入以换取更小的收入变化。

7.4.3 长期适应

(1)基准回归结果

表 7.8 报告了农业气象灾害影响下的长期适应性情况,其中第一部分为第 6 章表 6.2 和表 6.10 的短期固定面板估计结果,在本章不再赘述。第二部分为基于长期差异模型的估计结果。遵循 Burke and Emerick(2016)以及 Chen and Gong(2021)的设定,本书选择前后五年的时间周期作为基准回归,具体操作是:首先将本书的研究周期(1981—2015 年)划分为前后两个子样本,前期是 1981—

1985 年五年的均值,后期是 2011—2015 年五年的均值,然后将上述两个子样本的相关变量做长期差异变换,最后得到了五年差异的截面数据。

列(1)到(5)分别表示农业气象灾害对农业产值和劳动、化肥、机械三种投入要素以及农业全要素生产率的回归结果。长期差异估计的结果表明,长期来看,农业气象灾害综合强度增加一个标准差会导致农业产值下降 2.73%,其负面影响远低于短期固定面板模型的估计结果。在投入要素方面,农业气象灾害综合强度增加一个标准差会分别导致劳动投入增加 1.54%、化肥投入增加 1.17%以及机械投入下降 0.86%。可以看出,与短期相比,在长期三种投入要素的调整幅度进一步减弱,这证实了投入要素长期适应性的存在。在农业全要素生产率方面,农业气象灾害综合强度增加一个标准差会导致农业 TFP 下降 3.03%,其负面影响同样远低于短期估计结果,这也证实了全要素生产率长期适应性的存在。综上所述,农业气象灾害对产值的影响是对投入要素的影响和对 TFP 的影响的结合。从长期来看,长期差异估计结果表明,面对农业气象灾害的冲击,农户在投入要素和全要素生产率两方面的适应能力对灾害的短期影响存在抵消作用,进而证实了农业生产存在长期适应性。

表 7.8 农业气象灾害影响下的长期适应性分析

气象灾害		(1) 产值	(2) 劳动	(3) 化肥	(4) 机械	(5) TFP
固定面板估计(FE)	气象灾害强度	−0.0779***	0.0291***	0.0318**	−0.0225*	−0.0918***
		(0.0151)	(0.00951)	(0.0137)	(0.0135)	(0.0115)
	样本量	69971	69971	69971	69971	69971
长期差异估计(LD)	气象灾害强度	−0.0273***	0.0154***	0.0117**	−0.00863**	−0.0303***
		(0.319)	(0.00323)	(0.00252)	(0.00264)	(0.00567)
	样本量	1783	1783	1783	1783	1783
长期适应性(%)	$(1-\beta_{LD}/\beta_{FE})$ $\times 100\%$	64.96***	47.08***	63.21**	61.64**	66.99***
	Bootstrap 置信区间	[42.11, 77.07]	[31.25, 56.31]	[45.26, 78.95]	[40.74, 73.33]	[44.37, 80.24]
	附加天气变量	是	是	是	是	是
	农地权重	是	是	是	是	是

注:括号内是回归系数的标准误。***、**、*分别代表在 1%、5%、10%的水平上统计显著。

表 7.8 第三部分表示的是农业气象灾害影响下长期适应性情况,即长期影响抵消短期影响的整体百分比。在农业产值方面,长期适应抵消了农业气象灾害对农业产值短期影响的 64.96%。在投入要素方面,各投入要素均可以在一

定程度上抵消气象灾害对农业生产的短期影响,具体的比例分别为:劳动47.08%、化肥63.21%以及机械61.64%。针对农业全要素生产率,长期适应抵消了农业气象灾害对农业TFP短期影响的66.99%,高于其他三种投入要素的抵消能力,这体现了农业科技进步在农户对气象灾害的长期适应中的重要贡献。

(2)稳健性检验

表7.9报告了长期差异模型的稳健性检验情况。由于本书的研究时间跨度为35年,在5年差异的基础上,构建10年长期差异模型作为第二个稳健性检验。此外,关于长期差异方法的一个潜在问题是,估计的是基于数据转换后的横截面变化。因此,为了消除任何可能与灾害和农业结果相关的时变不可观测因素,本书进一步构建两周期与三周期长期差异面板模型作为后两个稳健性检验。表7.9的估计结果证实了在不同的周期定义下,主要估计系数和显著性与基准回归结果较为一致,说明长期差异方法的估计结果是稳健的。

表 7.9 长期差异模型的稳健性检验

模型		(1)产值	(2)劳动	(3)化肥	(4)机械	(5)TFP
5年差异	气象灾害强度	−0.0273***	0.0154***	0.0117**	−0.0086**	−0.0303***
		(0.3190)	(0.0032)	(0.0025)	(0.0026)	(0.0057)
	长期适应性(%)	64.96	47.08	63.21	61.64	66.99
	Bootstrap置信区间	[42.11, 77.07]	[31.25, 56.31]	[45.26, 78.95]	[40.74, 73.33]	[44.37, 83.24]
	样本量	1783	1783	1783	1783	1783
10年差异	气象灾害强度	−0.0222***	0.0110***	0.0108*	−0.0089*	−0.0288***
		(0.0155)	(0.0030)	(0.00325)	(0.0017)	(0.0110)
	长期适应性(%)	71.50	62.20	66.04	60.62	68.63
	Bootstrap置信区间	[53.25, 87.12]	[45.88, 71.53]	[47.74, 73.98]	[39.21, 72.34]	[44.70, 79.52]
	样本量	1874	1874	1874	1874	1874
两期面板差异	气象灾害强度	−0.0380***	0.0164***	0.0200*	−0.0095*	−0.0378***
		(0.0205)	(0.0024)	(0.0029)	(0.0013)	(0.0115)
	长期适应性(%)	51.22	43.64	37.11	57.78	58.82
	Bootstrap置信区间	[33.47, 68.12]	[29.77, 57.50]	[23.41, 52.25]	[41.29, 69.89]	[38.50, 76.43]
	样本量	3779	3779	3779	3779	3779

续表

模型		(1)产值	(2)劳动	(3)化肥	(4)机械	(5)TFP
三期面板差异	气象灾害强度	−0.0231***	0.0136***	0.0111**	−0.0066*	−0.0184***
		(0.0119)	(0.0043)	(0.0027)	(0.0036)	(0.0043)
	长期适应性(%)	70.34	53.26	65.09	70.53	79.96
	Bootstrap置信区间	[53.67, 88.40]	[40.56, 68.22]	[48.17, 81.11]	[56.70, 86.59]	[65.54, 99.23]
	样本量	6058	6058	6058	6058	6058
面板地区固定效应		是	是	是	是	是
附加天气变量		是	是	是	是	是
农地权重		是	是	是	是	是

注:括号内是回归系数的标准误。***、**、*分别代表在 1%、5%、10%的水平上统计显著。

在此基础上,参考 Burke and Emerick(2016)以及 Chen and Gong(2021)的设定,引入 Bootstrap(自抽样)方法构造长期适应估计的置信区间。具体步骤为:首先从数据集中随机抽取 2000 个县进行置换,每次构建一个子样本,共构建1000 个子样本;然后计算每个子样本的面板估计和长期差异估计;最后对每个子样本重新计算($1-\beta_{LD}/\beta_{FE}$)的百分比,并构造 95%的置信区间。图 7.8 和图7.9 分别报告了两种截面长期差异模型与两种面板长期差异模型的 Bootstrap估计结果。可以看到,与点估计结果一致,长期适应抵消了大部分农业气象灾害对农业生产的短期负面影响,这证实了农户长期适应行为的有效性。

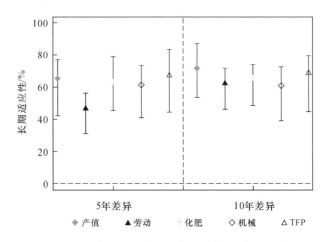

图 7.8　短期影响抵消与长期适应情况:截面差异

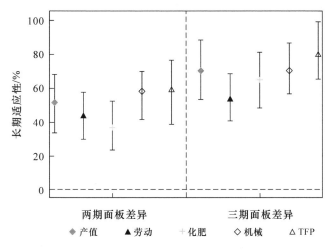

图 7.9 短期影响抵消与长期适应情况：面板差异

7.5 本章小结

有效的调整与适应措施可以减少农业气象灾害对农业产出的负面影响，提高农业生产的韧性。农业气象灾害影响下农业生产的适应性如何捕捉和量化？在不同时间阶段各投入要素与全要素生产率的调整情况有何差别？各个作物的种植份额有何变动？这些问题都有待研究。鉴于此，本章利用 1981—2015 年中国大陆 2495 个县的非平衡县级农业和气候面板数据，通过动态面板模型与长期差异模型，量化了农业气象灾害影响下中国农业生产的适应情况，为农户和政府等机构进一步优化种植行为提供了实证支持。

本章研究发现：在受农业气象灾害冲击的三年短期与五年中期，从投入要素角度看，劳动投入经历了先上升再下降的变动趋势，化肥和机械投入的调整在统计学上不显著或没有明显变动规律。从农业全要素生产率角度看，农业气象灾害强度增加对全要素生产率的负向影响一直存在，但根据估计系数的大小，这种负向影响有明显减小，这反映了农业生产效率恢复与农业科技进步两条路径在减轻负面影响方面的共同作用。针对农作物种植结构调整，从作物大类来看，农户更愿意种植粮食和油料作物以应对农业气象灾害的冲击；进一步细分四种主要粮食作物，农户更愿意提高水稻和大豆的种植比例，这证实了不同农作物在抵御农业气象灾害冲击的韧性方面存在差异。

　　本章研究还发现：长期来看，基于长期差异模型的估计结果，长期适应抵消了农业气象灾害对农业产值短期影响的 64.96%。各投入要素均可以在一定程度上抵消气象灾害对农业生产的短期影响，但长期适应抵消了农业气象灾害对农业 TFP 短期影响的 66.99%，高于其他三种投入要素的抵消能力，这进一步体现了农业科技进步在农户对气象灾害的长期适应中的重要贡献。总体来看，面对农业气象灾害的冲击，农户在投入要素和全要素生产率两方面的适应能力对灾害的短期影响存在抵消作用，进而证实了农业生产存在长期适应性。

8　农业气象灾害对中国农业生产的未来影响预测

在全球变暖的背景下,全球增温继续,升温风险加剧。第 6 章和第 7 章从实证角度探究农业气象灾害对中国农业生产的影响与机制,并量化灾害影响下农业生产的适应性情况。本章在此基础上,基于气象学方法预测全球变暖背景下农业气象灾害对中国农业生产的未来影响。本章内容安排如下:8.1 小节构建农业气象灾害影响农业生产的未来预测机制分析框架。8.2 小节简述了气象学预测中所需的未来气候方案与气候模型,为后文的结果分析提供模型支撑。8.3 小节介绍了变量选择与所使用数据的基本情况。8.4 小节为研究结果分析部分,分别基于直接变暖场景模拟与未来排放模型方案两方面量化农业气象灾害影响下中国农业生产的未来影响。8.5 小节为本章小结。

8.1　机理分析

气候系统的综合观测和多项关键指标表明,全球变暖的趋势在未来仍在持续。《中国气候变化蓝皮书(2022)》显示,中国升温速率高于同期全球平均水平,是全球气候变化的敏感区(中国气象局气候变化中心,2022),这反映了气温上升预计会对中国农业生产带来重大影响。另外,经济学研究结论也倾向于相信未来气候变化对农业生产的影响主要源于气温变化(Schlenker and Roberts,2009;Welch et al. ,2010),因为一旦控制住灌溉条件或捕捉到人类应对气候变化的适应性行为,降水和日照等天气要素的真实影响将被削弱。总体而言,未来气候变化对中国农业生产的影响主要源于气温变化,可以将气温变化的影响看作被低估的气候变化的影响,或者说成对未来气候变化综合影响的保守估计(陈帅等,2016)。随着人类活动引起的温室气体的排放增多,全球变暖迹象显化,这无疑会进一步增加极端天气事件和气象灾害发生的频率和强度,进而对农业生产活动产生影响。

　　基于此,本章在全球变暖背景下考察农业气象灾害对中国农业生产的未来影响。图 8.1 展示了农业气象灾害影响农业生产的未来预测机制分析框架。首先厘清全球变暖影响农业气象灾害强度的过程。进一步,由于学科差异,不同领域的学者对未来气候变化预测的研究方法有所不同。一方面,可以构造简单的直接温度变化场景来反映未来气候变化,具体而言,分别基于 1℃、2℃、3℃ 和4℃ 均匀变暖的假设场景来重建样本中所有县的月平均气温和月平均气温的概率分布函数。另一方面,未来的气候变化通常是由不同全球气候模型给出不同的模拟结果,而这些模拟的气候情况取决于假定的大气温室气体浓度,即预测未来大气中温室气体浓度的"排放方案"。因此,在气象学领域,未来某一特定时期的气候变化预测是所使用的模型和排放方案共同作用的产物。鉴于此,本章分别使用四种温度递增的变暖场景与气象学上的两种未来排放模型方案进行分析。

　　最后,关于农业生产相关变量的选择,遵循前面几个章节的分析脉络,本章依然将农业产值的影响作为基准回归结果。而第 7 章的实证结果表明,通过对农业全要素生产率的评估证实了农业科技进步在农户对气象灾害的长期适应中的主导性贡献,因此本章特别关注农业气象灾害对中国农业全要素生产率的未来影响。此外,本章还探讨了不同农作物未来预测结果的异质性。

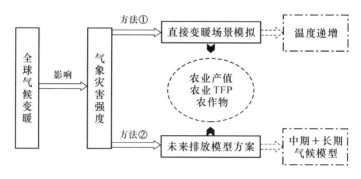

图 8.1　农业气象灾害影响农业生产的未来预测机制分析框架

8.2　模型构建

8.2.1　未来气候变化方案

　　在预测未来全球变暖将如何导致气候变化时,必须考虑许多因素,其中未来温室气体排放量是一个关键变量。为了使不同气候变化研究团队之间的研究具有互补性和可比性,以确保在气候科学的各个分支始终采用同一套标准的情景,1992 年,IPCC 发布了第一代气候变化预测情景,称为 IS92。2000 年,IPCC 发布了第二代预测情景,统称为"排放情景特别报告"(SRES),而 IPCC 发布的第一次到第四次评估报告分别使用了上述预测情景,为过去十年的大量气候科学研究提供了统一的参考系。

2014 年,IPCC 第五次评估报告(AR5)完整版发布[①],该报告提出了一套新的未来气候变化情景,取代了前两份报告中使用的 SRES 标准,称为代表性浓度路径(Representative Concentration Pathways,以下简称 RCP)。RCP 场景基本上是由数字组成的,对于每一类排放,RCP 包含一组起始值和截至 2100 年的估计排放量,这是基于对经济活动、能源来源、人口增长和其他社会经济因素的假设。具体而言,RCP 规定了到 2100 年导致总辐射照度相对于工业化前水平增加目标量的温室气体浓度。总辐射照度是大气顶部进入和离开的辐射之间的差值。2100 年的辐射照度目标分别设定为 2.6、4.5、6.0 和 8.5 瓦/米^2(W/m^2),以涵盖广泛的合理的未来排放情景,并将这些目标纳入 RCPs 的名称中,即 RCP 2.6、RCP 4.5、RCP 6.0 和 RCP 8.5(Moss et al. ,2010;Van Vuuren et al. ,2011;Rogelj et al. ,2012)。

RCP 2.6 是由荷兰环境评估机构的 IMAGE 建模团队开发的,代表极低温室气体浓度水平的排放情景。这是一种"峰回路转"的乐观排放情景:到本世纪中叶,其辐射照度水平首先达到 3.1 W/m^2 左右,到 2100 年恢复到 2.6 W/m^2。为了达到上述辐射水平,随着时间的推移,温室气体排放(以及空气污染物的间接排放)将大幅减少(Van Vuuren et al. ,2006、2007、2011)。

RCP 4.5 是由美国太平洋西北国家实验室联合全球气候变化研究所(JGCRI)的 GCAM 建模团队开发的。这是一种稳定的排放情景:总辐射照度在 2100 年后不久稳定下来,达到 4.5 W/m^2,但没有超过长期辐射照度目标水平(Smith and Wigley,2006;Wise et al. ,2009;Thomson et al. ,2011)。

RCP 6.0 是由日本国家环境研究所(NIES)的 AIM 建模团队开发的。这也

---

① IPCC 第六次评估报告完整版预计于 2023 年初发布,此前该报告已发表的部分内容在 AR5 的基础上更新了一套新的未来气候变化情景,称为共享社会经济路径(Shared Socio-economic Pathways,SSP)。考虑到本书的研究周期、数据可得性以及书稿撰写计划,本书对未来气候变化情景的预测是基于 IPCC 第五次评估报告(AR5)所采用的 RCP 方案完成的。

是一种稳定的排放情景：通过应用一系列减少温室气体排放的技术和策略，总辐射照度在 2100 年之后不久稳定下来，达到 6 W/m²，但没有超过长期辐射照度目标水平（Fujino et al.，2006；Hijioka et al.，2008；Masui et al.，2011）。

RCP 8.5 是由奥地利国际应用系统分析研究所（IIASA）使用 MESSAGE 模型和 IIASA 综合评估框架开发的，代表最高温室气体浓度水平的排放情景。这是一种持续增加的悲观排放情景：随着时间的推移，温室气体排放量不断增加，其辐射照度水平在 2100 年达到 8.5 W/m²（Riahi et al.，2007、2011）。

综上所述，本书在上述四种方案中选择 RCP 2.6 和 RCP 8.5 两种极端排放情景进行分析，因为这两种途径涵盖了预测未来温室气体排放变化的整个范围。

8.2.2　气候模型

气候模型是地球自然系统的数值表示，用于研究气候如何对自然和人为扰动的变化做出反应。气候模型种类繁多、十分复杂。大气环流模型（General Circulation Models，GCM）是最复杂的物理气候模型，将大气和海洋划分为数千个网格细胞，模拟大气、海洋、陆地和海上浮冰等成分，并包括相互作用的陆地表面和生物物理过程。区域气候模型（Regional Climate Models，RCM）的作用与大气环流模型类似，但适用于覆盖率更小的次大陆尺度，因此通常可以比 GCM 模型运行得更快、分辨率更高，并为特定区域提供更详细的气候信息。地球系统模型（Earth System Models，ESM）以物理气候模型为基础，可以模拟碳循环、氮循环、大气化学、海洋生态以及植被和土地利用的变化，这些都影响气候对人为温室气体排放的响应，而且植被还会对温度和降雨做出反应，进而改变碳和其他温室气体的吸收和释放（Moss et al.，2010）。

可以看出，气候模型的种类多样、开发和运行的机构众多，每个研究机构都有可能以不同的方式进行建模，从而降低其结果的可比性。国际耦合模式比较计划（Coupled Model Intercomparison Project，以下简称 CMIP）是一种将不同模拟中心所做的所有气候模型整合起来的方法。IPCC 第五次评估报告（AR5）中使用的第五次国际耦合模式比较计划（CMIP5）包含 30 多种气候模型，参考 Warszawski et al.（2014）和 Yu et al.（2019）等的设定，本书选择 HadGEM2-ES 和 NorESM1-M 两种气候模型进行分析。

HadGEM2-ES 模型是由英国哈德利中心开发的大气—海洋耦合气候模型，用于预测对遵循不同 RCP 方案的未来温室气体浓度的响应（Jones et al.，2011；Caesar et al.，2013）。它包括一个分辨率良好的平流层，以及一个涵盖动态植被、海洋生物学和大气化学地球系统的构型（Collins et al.，2011；Martin et al.，

2011)。具体来看,其大气分辨率为 N96,垂直为 38 级,海洋分辨率为 18,垂直为 40 级。HadGEM2-ES 模型具有较高的气候敏感性,CO_2 浓度翻倍时约为 4.68℃(Andrews et al.,2012a),接近 CMIP5 各模型范围的最高值(2.18—4.78℃),估计瞬态气候响应为 2.58℃(Andrews et al.,2012b)。

NorESM1-M 模型是挪威地球系统模型的第一版本全球气候模型。该模型是以 NCAR 运行的 CCSM4 模型为基础的,但海洋模型被 MICOM 的改进版本所取代,大气模型通过在线计算气溶胶及其对暖云的直接影响和间接影响而得到扩展(Bentsen et al.,2012)。NorESM1-M 模型具有约 2.9 K(开氏度)的平衡气候敏感性和约 1.4 K 的瞬态气候响应。上述敏感性在 CMIP5 的模型中处于较低的范围,这是由于云反馈抑制了响应,较强的大西洋经向翻转环流(AMOC)降低了可用于提高近地表温度、蒸发和融化冰的热分数。基于 RCP 情景的未来预测结果显示,预计到 2100 年,夏季海冰将大幅减少,并在 RCP 8.5 完全消失,预计 RCP 2.6、4.5、6.0 和 8.5 时,AMOC 将分别下降 12%、15%、17% 和 32%(Iversen et al.,2013)。

8.3　变量说明

8.3.1　变量选择

本章利用估计的气象灾害强度变量系数来预测全球变暖背景下农业气象灾害对中国农业生产的未来影响。本章使用以下四步过程来生成直接变暖场景下农业气象灾害强度的县级预测。首先,根据 1981—2015 年的历史气候观测数据,构建了样本中所有县月平均气温的概率分布函数。其次,分别基于 1℃、2℃、3℃ 和 4℃ 均匀变暖的假设场景来重建样本中所有县月平均气温的概率分布函数。再次,在每个变暖情景下,计算每个县月平均气温的预测变化,即将重建的月平均气温预测样本与样本中观测到的历史月平均气温进行差分,得到温度变量的水平变化。最后,在得到各县未来新的预测气温分布的基础上,重复第 5 章 5.2 小节农业气象灾害强度指数的算法,进一步构建四种假设变暖场景下各县的气象灾害强度分布,作为本章直接变暖场景模拟预测的核心变量。

基于未来排放方案模型的预测,未来气候变量的预测数据来自 WorldClim

全球气候与天气数据库①，其具有高空间分辨率，可用于测绘和空间建模。WorldClim 基于不同气候模型和不同未来气候变化方案提供的气候变量包括中期(2050 年,2041—2060 年的平均值)和长期(2080 年,2071—2090 年的平均值)的月平均最高、最低温度和月总降雨量。遵循 8.2 小节的说明，本章选择 RCP 2.6 和 RCP 8.5 两种极端未来排放情景，以及 HadGEM2-ES 和 NorESM1-M 两种代表性气候模型进行分析。

本章使用以 2.5 min(经纬度)空间分辨率(赤道约 4.5 km)预测的数据，从中获得样本中所有县的未来温度变量。参照 Hsiang et al. (2017)、Chen and Chen(2018)、Yu et al. (2019)以及 Chen and Gong(2021)等研究的设定，本章使用以下四步过程来生成基于未来排放方案模型的农业气象灾害强度县级预测。首先，根据 1981—2015 年的历史气候观测数据，构建了样本中所有县月平均气温的概率分布函数。其次，计算每个县月平均气温的预测变化，即从 WorldClim 数据计算的预测月平均气温与第一步获得的历史月平均气温之间的差值。再次，假设 21 世纪的温度分布与基于历史数据得到的分布是一致的，构建 RCP 2.6 和 RCP 8.5 两种排放路径下各县的中、长期平均气温分布。最后，在得到各县未来中、长期新的预测气温分布的基础上，重复第 5 章 5.2 小节农业气象灾害强度指数的算法，进一步构建 RCP 2.6 和 RCP 8.5 两种排放路径下各县的中、长期气象灾害强度分布，作为本章未来排放方案模型预测的核心变量。

8.3.2　描述性统计

表 8.1 展示了未来预测气候变量的描述性统计结果。关于变量名的解读：第一部分"h"表示 HadGEM2-ES 模型、"n"表示 NorESM1-M 模型；第二部分"mr"表示未来中期(2041—2060 年)、"lr"表示未来长期(2071—2090 年)；第三部分"26"表示 RCP 2.6 排放路径、"85"表示 RCP 8.5 排放路径；第四部分"tmin"表示月最低温的平均上升程度、"tmax"表示月最高温的平均上升程度、"tave"表示月平均温的平均上升程度。

首先，比较两种不同模型，HadGEM2-ES 模型在未来预测温度较工业化前时期上升的程度要高于 NorESM1-M 模型，这反映了两种模型对气候敏感性的差异。然后，比较两种时期，未来长期预测温度较工业化前时期上升的程度要高于未来中期，这反映了随着时间的推移，温室气体排放量不断增加，导致了全球变暖加剧。最后，比较两种未来气候变化方案，当采用最悲观的 RCP 8.5 排放

---

① 该数据库初始来源为 http://www.worldclim，具体所需变量和数据由笔者整理所得。

路径时,未来预测温度较工业化前时期上升的程度要远高于采用最乐观的 RCP 2.6 排放路径,这进一步证实了温室气体浓度对未来气温的重要影响。

表 8.1 未来预测气候变量描述性统计

变量	单位	均值	标准差	样本量
hmr26_tmin	°C	0.927	2.365	9480
hmr26_tmax	°C	1.029	2.611	9480
hmr26_tave	°C	0.978	—	9480
hmr85_tmin	°C	1.966	2.413	9480
hmr85_tmax	°C	2.047	2.638	9480
hmr85_tave	°C	2.006	—	9480
hlr26_tmin	°C	1.663	2.363	9480
hlr26_tmax	°C	1.751	2.616	9480
hlr26_tave	°C	1.707	—	9480
hlr85_tmin	°C	4.405	2.551	9480
hlr85_tmax	°C	4.486	2.731	9480
hlr85_tave	°C	4.445	—	9480
nmr26_tmin	°C	0.411	2.296	9480
nmr26_tmax	°C	0.373	2.506	9480
nmr26_tave	°C	0.392	—	9480
nmr85_tmin	°C	1.499	2.290	9480
nmr85_tmax	°C	1.292	2.454	9480
nmr85_tave	°C	1.396	—	9480
nlr26_tmin	°C	1.316	2.291	9480
nlr26_tmax	°C	1.395	2.525	9480
nlr26_tave	°C	1.356	—	9480
nlr85_tmin	°C	3.398	2.400	9480
nlr85_tmax	°C	3.263	2.559	9480
nlr85_tave	°C	3.330	—	9480

8.4　研究结果与分析

8.4.1　基于直接变暖场景模拟的预测

(1)农业产值与全要素生产率

图8.2和表8.2给出了四种假设变暖场景下农业气象灾害对农业产值与全要素生产率的影响预测。具体而言，在1℃的假设变暖场景中，预计农业产值和TFP将分别下降8.12％和12.86％；在2℃的假设变暖场景中，预计农业产值和TFP将分别下降9.82％和15.54％；在3℃的假设变暖场景中，预计农业产值和TFP将分别下降11.5％和18.2％；在4℃的假设变暖场景中，预计农业产值和TFP将分别下降13.2％和20.9％。总体而言，随着温度的上升，农业气象灾害强度增加，将显著降低中国的农业产值和全要素生产率，对比第6章面板模型和第7章长期差异模型回归结果的估计系数，上述负向影响更为严重，从长远来看，这凸显了气候行动的必要性。

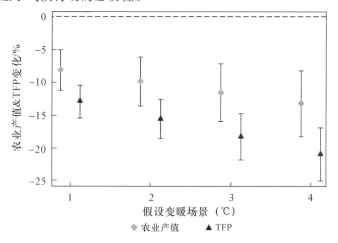

图8.2　直接变暖场景模拟：农业产值与 TFP 变动

表8.2　直接变暖场景模拟：农业产值与 TFP 影响范围

变量	均值	5％水平	95％水平
1℃_产值	−8.12331	−11.2042	−5.04245
1℃_TFP	−12.8623	−15.3590	−10.3656
2℃_产值	−9.81644	−13.5394	−6.09344

续表

变量	均值	5%水平	95%水平
2℃_TFP	−15.5432	−18.5603	−12.5261
3℃_产值	−11.4935	−15.8526	−7.13448
3℃_TFP	−18.1987	−21.7313	−14.6661
4℃_产值	−13.2007	−18.2073	−8.19421
4℃_TFP	−20.9018	−24.9591	−16.8446

（2）农作物影响差异

图 8.3 和表 8.3 给出了四种假设变暖场景下农业气象灾害对四种作物大类的影响预测。具体而言,在 1℃—4℃ 的假设变暖场景中,粮食作物单产的负向影响预计从 9.47% 下降到 15.39%,油料作物单产的负向影响预计从 11.74% 下降到 19.07%,糖料作物单产的负向影响预计从 11.3% 下降到 18.36%,蔬菜作物单产的负向影响预计从 9% 下降到 14.63%。总体而言,随着温度的上升,农业气象灾害强度增加,预计四种作物的单产均会大幅度下降,尤其是油料和糖料作物的影响更大。

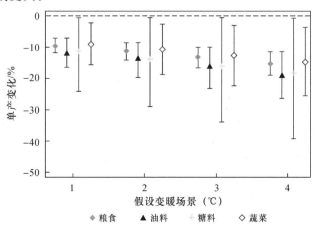

图 8.3　直接变暖场景模拟:作物大类变动

表 8.3　直接变暖场景模拟:作物大类影响范围

变量	均值	5%水平	95%水平
1℃_粮食	−9.47174	−11.8057	−7.13779
1℃_油料	−11.7368	−16.4188	−7.05469
1℃_糖料	−11.2994	−24.1456	−0.51881

续表

变量	均值	5%水平	95%水平
1°C_蔬菜	−9.00345	−15.7239	−2.28299
2°C_粮食	−11.4459	−14.2663	−8.62551
2°C_油料	−14.1830	−19.8410	−8.52509
2°C_糖料	−13.6546	−29.1782	−0.62695
2°C_蔬菜	−10.8800	−19.0012	−2.75883
3°C_粮食	−13.4014	−16.7037	−10.0991
3°C_油料	−16.6062	−23.2307	−9.98157
3°C_糖料	−15.9874	−34.1632	−0.73406
3°C_蔬菜	−12.7388	−22.2475	−3.23017
4°C_粮食	−15.3920	−19.1848	−11.5992
4°C_油料	−19.0728	−26.6813	−11.4642
4°C_糖料	−18.3621	−39.2377	−0.84309
4°C_蔬菜	−14.6310	−25.5520	−3.70996

进一步,图8.4和表8.4给出了四种假设变暖场景下农业气象灾害对粮食作物的影响预测。具体而言,在1°C—4°C的假设变暖场景中,水稻单产的负向影响预计从6.39%下降到10.38%,小麦单产的负向影响预计从3.89%下降到6.33%,玉米单产的负向影响预计从12.4%下降到20.15%,大豆单产的负向影响预计从11.26%下降到18.3%。总体而言,随着温度的上升,农业气象灾害强度增加,预计四种粮食作物的单产均会大幅度下降,而且玉米和大豆的负向影响要远大于水稻和小麦。

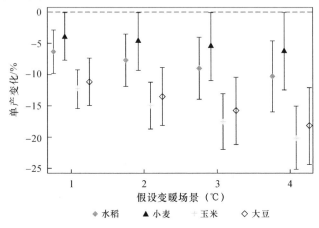

图8.4　直接变暖场景模拟：粮食作物变动

表 8.4　直接变暖场景模拟:粮食作物影响范围

变量	均值	5%水平	95%水平
1℃_水稻	−6.38865	−9.88115	−2.89615
1℃_小麦	−3.89447	−7.76039	−0.02856
1℃_玉米	−12.3981	−15.5076	−9.28851
1℃_大豆	−11.2617	−15.0806	−7.44279
2℃_水稻	−7.72022	−11.9407	−3.49979
2℃_小麦	−4.70619	−9.37787	−0.03451
2℃_玉米	−14.9822	−18.7399	−11.2245
2℃_大豆	−13.6090	−18.2238	−8.99408
3℃_水稻	−9.03919	−13.9807	−4.09771
3℃_小麦	−5.51023	−10.9800	−0.04041
3℃_玉米	−17.5418	−21.9415	−13.1422
3℃_大豆	−15.9340	−21.3373	−10.5307
4℃_水稻	−10.3818	−16.0573	−4.70637
4℃_小麦	−6.32869	−12.6110	−0.04641
4℃_玉米	−20.1474	−25.2006	−15.0942
4℃_大豆	−18.3008	−24.5066	−12.0949

8.4.2　基于未来排放模型方案的预测:中期(2041—2060 年)

(1)农业产值与全要素生产率

图 8.5 和表 8.5 给出了未来中期基于两种气候模型和两种排放场景下农业气象灾害对农业产值与全要素生产率的影响预测。具体而言,图 8.5 左侧部分使用 HadGEM2-ES 模型时,预计在 RCP 2.6 排放路径下,到 2041—2060 年的中期平均农业产值下降 8.23%,农业 TFP 下降 13.03%;在 RCP 8.5 排放路径下,未来中期平均农业产值下降 9.83%,农业 TFP 下降 15.56%。使用图 8.5 右侧 NorESM1-M 模型时,相应的农业产值和 TFP 下降较少,在 RCP 2.6 排放路径下,农业产值下降 7.49%,农业 TFP 下降 11.86%;在 RCP 8.5 排放路径下,农业产值下降 8.85%,农业 TFP 下降 14.01%。总体来看,到未来中期,无论是哪种模型和排放场景,温室气体的排放带来的全球变暖,都将导致农业气象灾害强度增加,进而显著降低中国的农业产值和全要素生产率。

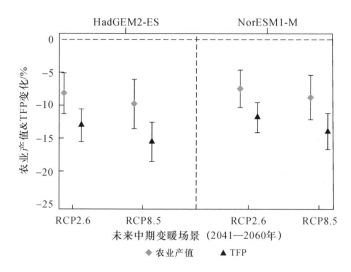

图 8.5　未来排放模型方案中期预测:农业产值与 TFP 变动

表 8.5　未来排放模型方案中期预测:农业产值与 TFP 影响范围

变量	均值	5%水平	95%水平
H_R2.6_产值	−8.23163	−11.3536	−5.10969
H_R2.6_TFP	−13.0338	−15.5639	−10.5038
H_R8.5_产值	−9.82648	−13.5533	−6.09967
H_R8.5_TFP	−15.5591	−18.5793	−12.5389
N_R2.6_产值	−7.48778	−10.3276	−4.64795
N_R2.6_TFP	−11.8560	−14.1574	−9.55464
N_R8.5_产值	−8.85063	−12.2073	−5.49393
N_R8.5_TFP	−14.0140	−16.7342	−11.2937

(2)农作物影响差异

图 8.6 和表 8.6 给出了未来中期基于两种气候模型和两种排放场景下农业气象灾害对四种作物大类的影响预测。具体而言,在 HadGEM2-ES 模型下,从 RCP 2.6 到 RCP 8.5 未来排放路径,四种作物的总体下降程度大概为 9.6%—14.2%;而在 NorESM1-M 模型下,四种作物的总体下降程度大概为 8.7%—12.8%。综合来看,到 2041—2060 年的中期,随着农业气象灾害强度增加,四类农作物单产的下降区间为 8.7%—14.2%,在这当中油料和糖料作物的下降幅度略高于粮食和蔬菜作物。

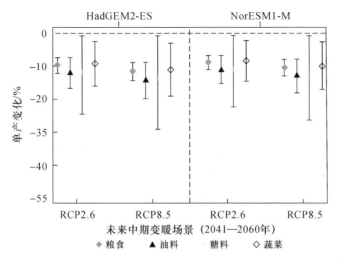

图 8.6 未来排放模型方案中期预测:作物大类变动

表 8.6 未来排放模型方案中期预测:作物大类影响范围

变量	均值	5%水平	95%水平
H_R2.6_粮食	−9.59804	−11.9631	−7.23298
H_R2.6_油料	−11.8933	−16.6378	−7.14877
H_R2.6_糖料	−11.4501	−24.4676	−0.52573
H_R2.6_蔬菜	−9.12351	−15.9336	−2.31344
H_R8.5_粮食	−11.4576	−14.2809	−8.63433
H_R8.5_油料	−14.1975	−19.8612	−8.53381
H_R8.5_糖料	−13.6685	−29.2081	−0.62759
H_R8.5_蔬菜	−10.8911	−19.0206	−2.76165
N_R2.6_粮食	−8.73071	−10.8821	−6.57936
N_R2.6_油料	−10.8185	−15.1343	−6.50277
N_R2.6_糖料	−10.4154	−22.2566	−0.47822
N_R2.6_蔬菜	−8.29906	−14.4937	−2.10438
N_R8.5_粮食	−10.3198	−12.8627	−7.77688
N_R8.5_油料	−12.7876	−17.8889	−7.68634
N_R8.5_糖料	−12.3111	−26.3075	−0.56527
N_R8.5_蔬菜	−9.80957	−17.1317	−2.4874

　　进一步,图8.7和表8.7给出了未来中期基于两种气候模型和两种排放场景下农业气象灾害对四种粮食作物的影响预测。具体而言,在HadGEM2-ES模型下,从RCP 2.6到RCP 8.5未来排放路径,四种粮食作物的总体下降程度大概为4%—15%;而在NorESM1-M模型下,四种粮食作物的总体下降程度大概为5.5%—20%。综合来看,到未来中期,随着农业气象灾害强度增加,四类农作物单产的下降区间为4%—20%,在这当中四种作物的影响差异较大,玉米和大豆的下降幅度要远高于水稻和小麦,差距约为6%—8%。

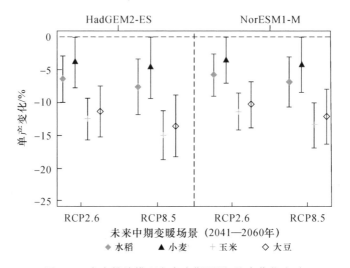

图8.7　未来排放模型方案中期预测:粮食作物变动

表8.7　未来排放模型方案中期预测:粮食作物影响范围

变量	均值	5%水平	95%水平
H_R2.6_水稻	−6.38865	−9.88115	−2.89615
H_R2.6_小麦	−3.89447	−7.76039	−0.02856
H_R2.6_玉米	−12.3981	−15.5076	−9.28851
H_R2.6_大豆	−11.2617	−15.0806	−7.44279
H_R8.5_水稻	−7.72022	−11.9407	−3.49979
H_R8.5_小麦	−4.70619	−9.37787	−0.03451
H_R8.5_玉米	−14.9822	−18.7399	−11.2245
H_R8.5_大豆	−13.6090	−18.2238	−8.99408
N_R2.6_水稻	−9.03919	−13.9807	−4.09771
N_R2.6_小麦	−5.51023	−10.9800	−0.04041

续表

变量	均值	5%水平	95%水平
N_R2.6_玉米	−17.5418	−21.9415	−13.1422
N_R2.6_大豆	−15.9340	−21.3373	−10.5307
N_R8.5_水稻	−10.3818	−16.0573	−4.70637
N_R8.5_小麦	−6.32869	−12.6110	−0.04641
N_R8.5_玉米	−20.1474	−25.2006	−15.0942
N_R8.5_大豆	−18.3008	−24.5066	−12.0949

8.4.3 基于未来排放模型方案的预测:长期(2071—2090 年)

(1)农业产值与全要素生产率

图 8.8 和表 8.8 给出了未来长期基于两种气候模型和两种排放场景下农业气象灾害对农业产值与全要素生产率的影响预测。具体而言,在 HadGEM2-ES 模型下,预计在 RCP 2.6 排放路径下,到未来长期平均农业产值下降 9.34%,农业 TFP 下降 14.79%;在 RCP 8.5 排放路径下,未来长期平均农业产值下降 13.96%,农业 TFP 下降 22.11%。在 NorESM1-M 模型下,相应的农业产值和 TFP 下降较少,在 RCP 2.6 排放路径下,农业产值下降 8.79%,农业 TFP 下降 13.92%;在 RCP 8.5 排放路径下,农业产值下降 12.06%,农业 TFP 下降 19.09%。总体来看,与未来中期相比,未来长期中国的农业产值和全要素生产率将进一步下降,其中 RCP 2.6 路径下长期与中期的下降幅度差距约为 1%,而 RCP 8.5 路径下这种差距扩大到 5%—7%,这反映了两种排放路径下温室气体的浓度差异,证实了未来全球变暖预计会对中国农业生产力造成相当大的负面影响。

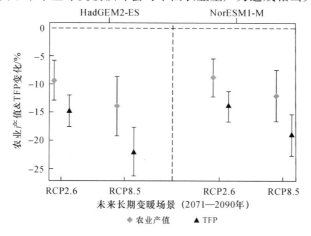

图 8.8 未来排放模型方案长期预测:农业产值与 TFP 变动

表 8.8　未来排放模型方案长期预测：农业产值与 TFP 影响范围

变量	均值	5%水平	95%水平
H_R2.6_产值	−9.34079	−12.8834	−5.79819
H_R2.6_TFP	−14.7901	−17.6610	−11.9191
H_R8.5_产值	−13.9638	−19.2598	−8.66789
H_R8.5_TFP	−22.1101	−26.4019	−17.8183
N_R2.6_产值	−8.78861	−12.1218	−5.45543
N_R2.6_TFP	−13.9157	−16.6169	−11.2145
N_R8.5_产值	−12.0562	−16.6286	−7.48373
N_R8.5_TFP	−19.0895	−22.7950	−15.3841

（2）农作物影响差异

图 8.9 和表 8.9 给出了未来长期基于两种气候模型和两种排放场景下农业气象灾害对四种作物大类的影响预测。具体而言，在 HadGEM2-ES 模型下，从 RCP 2.6 到 RCP 8.5 未来排放路径，四种作物的总体下降程度大概为 10.35%—20.18%；而在 NorESM1-M 模型下，四种作物的总体下降程度大概为 9.74%—17.42%。综合来看，与未来中期相比，未来长期四类农作物单产的下降区间约为 10%—20%，其中 RCP 2.6 路径下长期与中期的下降幅度差距约为 1%，而 RCP 8.5 路径下这种差距扩大到 5%—7%，这四类作物的下降幅度差距不大。

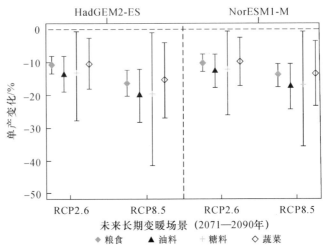

图 8.9　未来排放模型方案长期预测：作物大类变动

表 8.9 未来排放模型方案长期预测:作物大类影响范围

变量	均值	5％水平	95％水平
H_R2.6_粮食	−10.8913	−13.5751	−8.20757
H_R2.6_油料	−13.4958	−18.8796	−8.11201
H_R2.6_糖料	−12.9929	−27.7644	−0.59657
H_R2.6_蔬菜	−10.3528	−18.0805	−2.62516
H_R8.5_粮食	−16.2818	−20.2938	−12.2697
H_R8.5_油料	−20.1753	−28.2237	−12.1269
H_R8.5_糖料	−19.4235	−41.5059	−0.89183
H_R8.5_蔬菜	−15.4768	−27.0291	−3.92443
N_R2.6_粮食	−10.2475	−12.7726	−7.72238
N_R2.6_油料	−12.6980	−17.7635	−7.63247
N_R2.6_糖料	−12.2249	−26.1231	−0.56130
N_R2.6_蔬菜	−9.74083	−17.0117	−2.46997
N_R8.5_粮食	−14.0574	−17.5213	−10.5935
N_R8.5_油料	−17.4190	−24.3679	−10.4702
N_R8.5_糖料	−16.7700	−35.8356	−0.76999
N_R8.5_蔬菜	−13.3624	−23.3366	−3.38829

进一步,图 8.10 和表 8.10 给出了未来长期基于两种气候模型和两种排放场景下农业气象灾害对四种粮食作物的影响预测。具体而言,在 HadGEM2-ES 模型下,从 RCP 2.6 到 RCP 8.5 未来排放路径,四种粮食作物的总体下降程度大概为 4.48％—21.31％;而在 NorESM1-M 模型下,四种粮食作物的总体下降程度大概为 4.21％—18.4％。综合来看,与未来中期相比,未来长期四类粮食作物单产进一步下降,其中 RCP 2.6 路径下长期与中期的下降幅度差距约为 0.5％—1％,而 RCP 8.5 路径下这种差距扩大到 3％,这四类作物的下降幅度差异很大,玉米和大豆的下降幅度要远高于水稻和小麦。

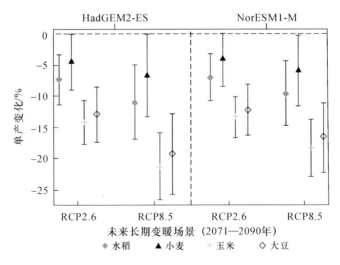

图 8.10　未来排放模型方案长期预测：粮食作物变动

表 8.10　未来排放模型方案长期预测：粮食作物影响范围

变量	均值	5%水平	95%水平
H_R2.6_水稻	−7.34614	−11.3621	−3.33021
H_R2.6_小麦	−4.47816	−8.92347	−0.03284
H_R2.6_玉米	−14.2562	−17.8318	−10.6806
H_R2.6_大豆	−12.9495	−17.3408	−8.55828
H_R8.5_水稻	−10.9820	−16.9855	−4.97843
H_R8.5_小麦	−6.69453	−13.3400	−0.04909
H_R8.5_玉米	−21.3121	−26.6574	−15.9668
H_R8.5_大豆	−19.3587	−25.9233	−12.7940
N_R2.6_水稻	−6.91188	−10.6904	−3.13334
N_R2.6_小麦	−4.21343	−8.39596	−0.03090
N_R2.6_玉米	−13.4135	−16.7777	−10.0492
N_R2.6_大豆	−12.1840	−16.3157	−8.05236
N_R8.5_水稻	−9.48168	−14.6651	−4.29830
N_R8.5_小麦	−5.77996	−11.5175	−0.04238
N_R8.5_玉米	−18.4005	−23.0156	−13.7855
N_R8.5_大豆	−16.7140	−22.3818	−11.0462

8.5 本章小结

随着全球变暖迹象显化,农业气象灾害发生的频率和强度进一步增加。未来农业气象灾害对中国农业生产的影响如何?有哪些方法可以量化未来影响?在不同农作物、未来不同时期、不同预测模型和气候方案之间有何差别?这些问题都有待研究。鉴于此,本章利用 1981—2015 年中国 2495 个县的非平衡县级农业和气候面板数据,以及 WorldClim 提供的未来气候预测数据,分别基于直接变暖场景和未来排放模型方案两种方法考察全球变暖背景下农业气象灾害对中国农业生产的未来影响,为农户和政府等机构未来更精准地适应农业气象灾害的冲击提供了数据支持。

无论是哪种预测方法和气候方案,全球变暖导致农业气象灾害强度增加,都会显著降低中国农业产值,在农业全要素生产率和各农作物单产的表现上同样如此。这说明尽管气候适应正在发生,但预计未来农业气象灾害强度增加仍将对中国农业生产力造成相当大的负面影响,因为一半以上的短期影响仍然存在。此外,由于本章认为未来气候变化对中国农业生产的影响主要源于气温变化,尚未涵盖降水等其他天气因素在未来的异动,因此可以将气温变化的影响看作被低估的气候变化的影响,或者说成对未来气候变化综合影响的保守估计。上述结论更加凸显了气候行动的必要性。

从气候模型来看,HadGEM2-ES 模型估计的下降幅度略高于 NorESM1-M 模型的估计结果,这反映出两种模型在设定上对气候敏感性的差异。从排放情景来看,当采用最悲观的 RCP 8.5 排放路径时,未来预测的下降幅度要远高于采用最乐观的 RCP 2.6 排放路径时的结果,这证实了主要温室气体在真实大气环境中的行为作用及其浓度上升对农业生产的影响差异。从农作物种类来看,粮食、油料、糖料和蔬菜四类作物的下降幅度差距不大,在粮食作物方面玉米和大豆的负向影响要远大于水稻和小麦,这为未来农户进一步调整农作物种植结构提供了有力支撑。从时间周期来看,相对于未来中期而言,未来长期农业气象灾害强度增加预计会加剧中国农业生产的负向影响。这一方面体现出面对全球变暖的持续压力,长期农业的气候适应能力下降,另一方面也表明在没有新的政策干预的情况下,农业部门的适应能力依然有限,应对气象灾害的冲击仍需多方面的行动干预。

9 结论与启示

前八章在明确选题意义并全面综述现有国内外研究的基础上,构建气象灾害强度指数用以刻画中国农业气象灾害的发生强度,实证考察了农业气象灾害对中国农业产出的影响,量化了农业气象灾害影响下中国农业生产的适应情况,并预测了农业气象灾害对中国农业生产的未来影响。本章是本书的总结和收尾,内容安排如下:9.1 小节总结了本书的主要研究结论,9.2 小节针对研究结果提出应对农业气象灾害的对策与建议,9.3 小节指出了本书现有的研究不足,并展望了未来的研究方向。

9.1 主要研究结论

本书首先基于《中国统计年鉴》与中国气象数据网提供的气象日值数据,概述研究周期内中国农业生产的发展情况与农业受灾情况的变动趋势,进一步构建气象灾害强度综合指数用以刻画中国农业气象灾害的发生强度。然后,利用 1981—2015 年中国大陆 2495 个县的非平衡县级农业和气候面板数据,通过固定面板模型、随机前沿生产函数模型以及投入要素与生产率决定模型考察了农业气象灾害对中国农业产出的影响及其作用机制,进一步使用动态面板模型与长期差异模型量化了农业气象灾害影响下中国农业生产的适应情况。最后,利用 WorldClim 数据库提供的未来气候预测数据,基于直接变暖场景和未来排放模型方案考察全球变暖背景下农业气象灾害对中国农业生产的未来影响。主要得出以下结论:

(1)中国农作物受灾情况总体上呈反复波动的趋势,过半的受灾面积造成了实质性的减产,并表现出明显的区域性、周期性和灾种集中性的特征。基于外生气象数据刻画的中国农业气象灾害强度综合指数反映出中国农业生产受到的外部气象灾害威胁日益加剧。

具体而言:①在区域性方面,干旱和洪涝在中国各地区普遍存在,但影响程度有所差异,东南地区受洪水、台风等水文灾害的威胁更大,北方和西部地区多干旱,而东北地区在冬季还会受冷害、雪灾的影响。②在周期性方面,农作物受灾情况以每 3 到 5 年为一个周期波动。进入 21 世纪后,随着受灾率和成灾率的整体下降,波动频率也有所放缓。③在灾种分布方面,洪涝和干旱是影响中国农业生产最主要的两种农业气象灾害,占农作物受灾面积的 80% 以上。但现有灾情数据可能会无法细化灾种组合,反映出基于社会经济数据测度农业气象灾害的局限性。④中国农业气象灾害强度指数的变动趋势共同反映了气候变化的两大主要特征:一是全球变暖趋势明显,二是极端气候事件增多,这与国际社会对气候变化趋势的共识相一致。

(2)农业气象灾害对中国农业产出有显著的负向影响,且在灾害类型、作物类别、时间与地区分布上存在明显差异。机制分析结果显示,农业气象灾害强度增加,会带来劳动、化肥两种投入要素的增加,但会减少农业机械投入。农业气象灾害强度增加对农业全要素生产率(TFP)也有着显著的负向影响。

具体而言:①农业气象灾害综合强度增加一个标准差会导致农业单位产值下降 7.79%。日照和风速两个附加天气变量与农业单位产出之间存在"倒 U 形"的非线性关系。②在灾害类型方面,不同农业气象灾害类型对农业产出的影响存在差异,洪涝和冷害两种灾害对农业产出的负向影响更大,而干旱和热浪的影响较小或无显著影响,而灌溉可能是调节干旱和热浪两种灾害负向影响的有效手段。③在作物类别方面,农业气象灾害强度增加对粮食、油料、糖料和蔬菜单产都有不同程度的冲击,油料和糖料作物受到的负向冲击更为严重。针对粮食作物,相比于玉米和大豆,水稻和小麦受农业气象灾害的负向冲击更小。④在时间与地区差异方面,随着农业改革进程不断加快,农业气象灾害对农业产出的负向影响逐渐降低,农业生产抗御自然灾害的能力得到有效提升。东北地区和华北地区面对灾害冲击的韧性有限,其农业产出下降比例比东南和西南地区要高。⑤农业气象灾害综合强度增加一个标准差会分别导致劳动投入增加 2.91%、化肥投入增加 3.18%、机械投入下降 2.25%、农业全要素生产率(TFP)下降 9.18%,反映了在农业气象灾害冲击下,年内农户生产效率明显降低,且调整能力有限,农户通常会把有限的精力投入到方便调整的生产要素。

(3)农业气象灾害影响下中国农业生产的适应情况在各时期有所不同,不同农作物在抵御农业气象灾害冲击的韧性方面存在差异。在短期和中期,劳动投入经历了先上升再下降的变动趋势,农业全要素生产率的负向影响明显减小。长期来看,农户在投入要素和全要素生产率两方面的适应能力对灾害的短期影响存在抵消作用,证实了农业生产存在长期适应性,尤其反映出农业技术进步的重要贡献。

具体而言:①短期来看,劳动投入经历了先上升再下降的变动趋势,说明增加人手作为短时间内更为直接方便的应对手段依然是农户应对灾情的首选。农业全要素生产率的负向影响在短期一直存在,但根据估计系数的大小,这种负向影响有明显减小,反映了农业生产效率随着农户适应能力增强而有所提升。②中期来看,劳动投入有进一步下降的趋势,说明农业生产的劳动力投入逐渐恢复到灾前水平。农业全要素生产率的负向影响进一步减小,反映了农业科技进步对农业生产适应能力的正向作用。③长期来看,长期适应抵消了农业气象灾害对农业产值短期影响的 64.96%。各投入要素均可以在一定程度上抵消气象灾害对农业生产的短期影响,但长期适应抵消了农业气象灾害对农业 TFP 短期影响的 66.99%,高于其他三种投入要素的抵消能力,进一步证实了农业科技进步在农户对气象灾害的适应性中的重要贡献。④针对农作物种植结构调整,从作物大类来看,农户更愿意种植粮食和油料作物以应对农业气象灾害的冲击;进一步细分四种主要粮食作物,农户更愿意提高水稻和大豆的种植比例。

(4)全球变暖背景下的未来预测结果显示,尽管气候适应正在发生,但无论是哪种预测方法和气候方案,全球变暖导致农业气象灾害强度增加,都将对中国农业生产力造成相当大的负面影响,在农业全要素生产率和各农作物单产的表现上同样如此。

具体而言:①从气候模型来看,HadGEM2-ES 模型估计的下降幅度略高于 NorESM1-M 模型的估计结果,这反映出两种模型在设定上对气候敏感性的差异。②从排放情景来看,当采用最悲观的 RCP 8.5 排放路径时,未来预测的下降幅度要远高于采用最乐观的 RCP 2.6 排放路径时的结果,这证实了主要温室气体在真实大气环境中的行为作用及其浓度上升对农业生产的影响差异。③从农作物种类来看,粮食、油料、糖料和蔬菜四类作物的下降幅度差距不大,粮食作物中玉米和大豆的负向影响要远大于水稻和小麦。④从时间周期来看,相对于未来中期,未来长期农业气象灾害强度增加预计会加剧中国农业生产的负向影响。

9.2 对策与启示

本书研究结论表明,农业气象灾害对中国农业产出有显著的负向影响,虽然在中长期农户面对农业气象灾害冲击时的适应能力有所提升,一定程度上可以抵消部分负向影响,但未来气候变化情景下的预测结果仍表明农业气象灾害对中国农业生产的威胁不容忽视。在气候变化背景下,减缓和适应是应对气象灾害风险的两个重要工具,而及时、准确的农业气象灾害预测也是抵御气象灾害冲击的重要途径。基于此,本书以农业科技进步为主要推动力,分别从"减缓""适应"和"预测"三方面探讨中国农业生产应对农业气象灾害的对策建议。

(1)减缓农业温室气体排放,走好农业生产减排固碳之路。

第一,提高农业生产效率,降低单位产量或产品的排放强度。提高农业生产率和农业资源利用率,推进农业节本增效。环境友好型技术相对于高产良种技术、化肥农药等以提高产量为导向的传统农业技术而言,兼顾技术的经济性和环保性,可以解决传统农业技术中忽视资源保护和污染控制不足的问题。以水稻种植为例,根据水稻不同生育期的需水规律与水分敏感程度,通过施用缓释肥、节水灌溉等技术来调节田间水分,使得返青期稻田保持一定水层,为秧苗创造一个温湿度较为稳定的环境,促进早发新根、加速返青,进而提高农业生产效率,减少稻田温室气体排放。

第二,提高土壤质量,提高农田固碳增汇能力。土壤具有重要的固碳潜能,可吸收和储存大量人类活动造成的温室气体。要不断发挥好农田土壤的碳汇功能,提升农田有机质含量,增加温室气体吸收和二氧化碳固定的能力,充分释放大自然应对气候变化的潜能。2021年11月农业农村部生态与资源保护总站发布了农业农村减排固碳十大技术模式,涵盖了稻田甲烷减排技术、农田氧化亚氮减排技术、保护性耕作固碳技术和农作物秸秆还田固碳技术等多项种植业减排固碳技术创新。在此基础上,还需要进一步加强农业温室气体排放监测技术和方法的创新,加强排放数据建设,为农业减排固碳的评估提供支撑。

(2)优化农业生产管理创新水平,提升农户气象灾害适应能力

第一,重视新品种的开发培育,推动农业科研成果的转化。面对复杂多变的气象灾害,提高种子抗御自然灾害的能力成为农业科技工作者的攻坚课题。以水稻种植为例,苏南地区单季晚稻收获季节通常会遇到多阴雨灾害性天气且气温偏高,在高温高湿的不良环境下,田间积水严重,植株倒伏现象普遍。此外,气象灾害发生后往往伴随病虫害等次生灾害,造成农作物减产甚至绝收。因此,打好种业翻身仗、做好种业振兴,选育适应气候变化的新品种至关重要。一方面,要加大种业原始创新投入,推动抗旱涝、耐高温和抗病虫害的新品种培育与研究、深化科企合作;另一方面,要着重推动新品种的成果转化与推广,加强对基层农技人员的培训,建立农业科技系统多级联动工作机制。

　　第二,加强农户田间管理,合理布局农作物种植结构。田间管理包括作物从播种到收获的整个栽培过程各个环节的管理措施。提高农户对农业气象灾害的适应能力,田间管理的科技创新是关键。突破精量播种、育苗嫁接、移栽和收获等环节技术装备短板,加快提升环境调控和植保作业的机械化水平,推广普及土地耕整和灌溉施肥技术装备。还要加快信息化和机械化融合,推广环境自动调控、水肥一体化智能控制和作物生长信息监测等技术。另外,由于不同农作物在抵御农业气象灾害冲击的韧性方面存在差异,基于当地实际自然地理条件和光热水资源变化,合理安排农业种植结构,比如在干旱多发地区布局耐旱作物,在冷害多发地区选择种植高寒作物,因地制宜采取具有针对性的适应措施。

　　(3)完善农业气象灾害监测预测体系,发挥农业保险的防灾减灾作用

　　第一,构建与当代农业发展相适应的监测预测系统,完善应对气象灾害公共服务体系。农业气象灾害监测预测体系能够实现对气象灾害的全程跟踪监测,为防灾减灾工作提供了依据,也最大限度地降低了农业气象灾害带来的农业损失。农业气象灾害监测预测技术已经被应用在地面监测、遥感监测、数理统计预报等多个方面。首先,使用遥感卫星对影响范围较大的灾害天气进行监测;然后,通过温湿度传感器、风速风向仪等地面监测设备获取气象数据并据此判断灾情;最后,在利用信息化监测设备收集大量数据后,技术人员对其进行专门的统计、分析和处理,实现农业灾害的精确空间定位并做好农业灾情灾损评估和灾害的分析预测,为政府和农业相关主管部门及时掌握农业灾情并采取相应措施提供决策支持。

　　第二,提高农户参与农业保险的积极性,降低农业气象灾害的实际成灾风险。农业易受大面积自然灾害影响,其中农业气象灾害是农业生产中最主要的一类灾害,也是农业保险的主要对象。面对人力难以抗拒的巨灾,如特大洪水与超强台风时,所造成的经济损失与保险赔付额巨大,纯商业性质的农业保险难以持续,需要财政与社会各界对巨灾保障体系与保险基金给予支持。面对分散发生的灾害,如局地暴雨、霜冻和冰雹等,农业保险出险概率较大,且存在投保户多、灾损核算复杂、业务成本高等问题,因此承保机构组织经营效益不高,且农户参保意愿较低。基于此,要积极推广政策性农业保险、发展农业再保险,通过完善农业风险分散机制,缓解农业大灾对国家财政的冲击,承担起市场化农业灾害风险管理的关键职能,实现对农业气象灾害风险的未雨绸缪。

9.3 研究不足与未来展望

由于受到研究数据和时间因素等客观限制,本书还存在以下研究不足,有待于在未来的研究中不断完善。

(1)在农业气象灾害的测度方面,首先,针对研究对象的选择,本书在计算农业气象灾害强度指数时仅选择了干旱、洪涝、热浪和冷害四种较为典型的农业气象灾害,没有考虑台风等更多的气象灾害。其次,在计算方法上,本书使用"天气异常"这一核心概念来刻画农业气象灾害,主要关注的是长期的气候偏差,但也因此忽略了短时间极端天气事件对农业生产的影响。最后,除了农业气象灾害,其他自然灾害对农业生产的威胁也不容忽视,例如农作物病虫害作为中国主要农业灾害之一,已成为严重影响农业生产的重大灾害,值得进一步研究。

(2)在农业气象灾害对农业生产的影响方面,本书的核心农业变量——县级农业产值数据是年度汇总指标,无法区分农作物生长的不同阶段。在实际生产中,不同作物在播种期、成熟期和收获期对气候的敏感程度存在差异,气象灾害在不同生长阶段对作物的影响程度也有所不同。但由于研究数据的缺失,本书未能按照不同农作物的生长周期考察气象灾害对农业生产的影响,并且各投入变量也无法区分作物品种。因此,在今后的研究中,需要对不同的农作物进行细分,结合具体的生长期全方位了解农业气象灾害对中国农业生产的影响。此外,本书仅考虑了种植业的情况,农业气象灾害对林业、畜牧业和渔业等其他农业部门的影响可以继续探讨。

(3)在农业气象灾害的适应性方面,本书基于宏观统计数据,通过计量模型量化农户对农业气象灾害的长期适应情况。但必须承认的是,通过使用微观调研方式收集到的农户数据考察农业适应性显然是更为直接的选择,该方式能够提供更具体的农户适应性行为信息。然而,当前在全国范围内广泛使用的几个大型微观数据库中普遍缺乏与气象灾害适应情况直接相关的变量,因此采用微观数据研究全国县级层面的农业适应性目前存在一定的限制,在今后的研究中应着重开发更高质量的数据库,提升研究结果的科学性。

(4)在农业气象灾害的未来预测方面,考虑到本书的研究周期、数据可得性以及书稿撰写计划,本书使用的是 IPCC 第五次评估报告提供的未来气候变化情景。随着 IPCC 第六次评估报告的发布,在原有未来气候变化方案的基础上更新了一套新的未来气候变化情景,需要为此及时更新未来预测数据。此外,本书仅考虑了全球变暖即气温的影响,尚未考虑降水、日照和风速等其他天气因素在未来的异动。因此,在今后的研究中应进一步跟踪气象学领域的最新研究进展,提高未来预测的精度和准确性。

参考文献

[1] Abdulai A, Huffman W E. The adoption and impact of soil and water conservation technology: An endogenous switching regression application. Land Economics, 2014, 90(1): 26-43.

[2] Aghion P, Howitt P. A model of growth through creative destruction. Econometrica, 1992, 60(2): 323-351.

[3] Albala-Bertrand J M. Natural disaster situations and growth: A macroeconomic model for sudden disaster impacts. World Development, 1993, 21(9): 1417-1434.

[4] Andrews T, Gregory J M, Webb M J, et al. Forcing, feedbacks and climate sensitivity in CMIP5 coupled atmosphere-ocean climate models. Geophysical Research Letters, 2012, 39(9): L09712.

[5] Aigner D, Lovell C A K, Schmidt P. Formulation and estimation of stochastic frontier production function models. Journal of Econometrics, 1977, 6(1): 21-37.

[6] Aragón F M, Oteiza F, Rud J P. Climate change and agriculture: Subsistence farmers' response to extreme heat. American Economic Journal: Economic Policy, 2021, 13(1): 1-35.

[7] Arrow K J, Chenery H B, Minhas B S, et al. Capital-labor substitution and economic efficiency. Review of Economics and Statistics, 1961, 43(5): 225-254.

[8] Asfaw S, DiBattista F, Lipper L. Agricultural technology adoption under climate change in the Sahel: Micro-evidence from Niger. Journal of African Economies, 2016, 25(5): 637-669.

[9] Battese G E, Coelli T J. Frontier production functions, technical efficiency and panel data: With application to paddy farmers in India.

Journal of Productivity Analysis，1992，3：153-169.

[10] Battese G E，Coelli T J. A model for technical inefficiency effects in a stochastic frontier production function for panel data. Empirical Economics，1995，20：325-332.

[11] Bentsen M，Bethke I，Debernard J B，et al. The Norwegian Earth System Model，NorESM1-M -Part 1：Description and basic evaluation of the physical climate. Geoscientific Model Development，2013，6(3)：687-720.

[12] Bohensky E L，Smajgl A，Brewer T. Patterns in household-level engagement with climate change in Indonesia. Nature Climate Change，2013，3(4)：348-351.

[13] Boustan L P，Kahn M E，Rhode P W. Moving to higher ground：Migration response to natural disasters in the early twentieth century. American Economic Review，2012，102(3)：238-244.

[14] Boustan L P，Kahn M E，Rhode P W，et al. The effect of natural disasters on economic activity in US counties：A century of data. Journal of Urban Economics，2020，118：103257.

[15] Brümmer B，Glauben T，Lu W. Policy reform and productivity change in Chinese agriculture：A distance function approach. Journal of Development Economics，2006，81(1)：61-79.

[16] Burke M，Emerick K. Adaptation to climate change：Evidence from US agriculture. American Economic Journal：Economic Policy，2016，8(3)：106-140.

[17] Caesar J，Palin E，Liddicoat S，et al. Response of the HadGEM2 earth system model to future greenhouse gas emissions pathways to the year 2300. Journal of Climate，2013，26(10)：3275-3284.

[18] Caruso G，Miller S. Long run effects and intergenerational transmission of natural disasters：A case study on the 1970 Ancash Earthquake. Journal of Development Economics，2015，117：134-150.

[19] Cavallo E，Galiani S，Noy I，et al. Catastrophic natural disasters and economic growth. Review of Economics and Statistics，2013，95(5)：1549-1561.

[20] Chambers R G，Pieralli S. The sources of measured US agricultural

productivity growth: Weather, technological change, and adaptation. American Journal of Agricultural Economics, 2020, 102(4): 1198-1226.

[21] Charnes A, Cooper W W, Rhodes E. Measuring the efficiency of decision-making units. European Journal of Operational Research, 1978, 2: 429-444.

[22] Chen W. Productivity growth, technical progress and efficiency change in Chinese agriculture: 1990-2003. China Rural Survey, 2006, 16 (1): 203-222.

[23] Chen S, Chen X, Xu J. Impacts of climate change on agriculture: Evidence from China. Journal of Environmental Economics and Management, 2016a, 76: 105-124.

[24] Chen S, Chen X, Xu J. Assessing the impacts of temperature variations on rice yield in China. Climatic Change, 2016b, 138(1): 191-205.

[25] Chen X, Chen S. China feels the heat: Negative impacts of high temperatures on China's rice sector. Australian Journal of Agricultural and Resource Economics, 2018, 62(4): 576-588.

[26] Chen S, Gong B. Response and adaptation of agriculture to climate change: Evidence from China. Journal of Development Economics, 2021, 148: 102557.

[27] Chen H, Wang J, Huang J. Policy support, social capital, and farmers' adaptation to drought in China. Global Environmental Change, 2014, 24 (1): 193-202.

[28] Chhibber A, Laajaj R. Natural disasters and economic development impact, response and preparedness, Journal of African Economies, 2008, 17: 7-49.

[29] Christensen L, Jorgensen D, Lau L. Transcendental logarithmic production frontiers. Review of Economics and Statistics, 1973, 55(1): 2-45.

[30] Cobb C, Douglas P. A theory of production. American Economic Review, 1928, 18(1): 139-165.

[31] Collins W J, Bellouin N, Doutriaux-Boucher M, et al. Development and evaluation of an Earth-System model-HadGEM2. Geoscientific Model Development, 2011, 4(4): 1051-1075.

［32］ Cornwell C，Schmidt P，Sickles R C. Production frontiers with cross-
       sectional and time-series variation in efficiency levels. Journal of
       Econometrics，1990，46(1-2)：185-200.

［33］ Cui X. Climate change and adaptation in agriculture：Evidence from US
       cropping patterns. Journal of Environmental Economics and
       Management，2020，101：102306.

［34］ Cui X，Xie W. Adapting agriculture to climate change through growing
       season adjustments：Evidence from corn in China. American Journal of
       Agricultural Economics，2022，104(1)：249-272.

［35］ Darwin R. The impact of global warming on agriculture：A Ricardian
       analysis：Comment. American Economic Review，2011，89（4）：
       1049-1052.

［36］ Damania R，Desbureaux S，Hyland M，et al. Uncharted waters：The
       new economics of water scarcity and variability. Washington，DC：World
       Bank，2017.

［37］ Delbiso T D，Altare C，Rodriguez-Llanes J M，et al. Drought and child
       mortality：A meta-analysis of small-scale surveys from Ethiopia.
       Scientific Reports，2017，7(1)：2212.

［38］ Deressa T T，Hassan R M，Ringler C，et al. Determinants of farmers'
       choice of adaptation methods to climate change in the Nile Basin of
       Ethiopia. Global Environmental Change，2009，19(2)：248-255.

［39］ Deryugina T，Kawano L，Levitt S. The economic impact of Hurricane
       Katrina on its victims：Evidence from individual tax returns. American
       Economic Journal：Applied Economics，2018，10(2)：202-233.

［40］ Deryugina T，Molitor D. Does when you die depend on where you live?
       Evidence from Hurricane Katrina. American Economic Review，2020，
       110(11)：3602-3633.

［41］ Deschênes O，Greenstone M. The economic impacts of climate change：
       Evidence from agricultural output and random fluctuations in weather.
       American Economic Review，2007，97(1)：354-385.

［42］ Di Falco S，Chavas J. On crop biodiversity，risk exposure，and food
       security in the highlands of Ethiopia. American Journal of Agricultural
       Economics，2009，91(3)：599-611.

[43] Di Falco S, Veronesi M, Yesuf M. Does adaptation to climate change provide food security? A micro-perspective from Ethiopia. American Journal of Agricultural Economics, 2011, 93(3): 825-842.

[44] Elliott R J R, Strobl E, Sun P. The local impact of typhoons on economic activity in China: A view from outer space. Journal of Urban Economics, 2015, 88: 50-66.

[45] Elliott R J R, Liu Y, Strobl E, et al. Estimating the direct and indirect impact of typhoons on plant performance: Evidence from Chinese manufacturers. Journal of Environmental Economics and Management, 2019, 98: 102252.

[46] Falter D, Schröter K, Dung N V, et al. Spatially coherent flood risk assessment based on long-term continuous simulation with a coupled model chain. Journal of Hydrology, 2015, 524: 182-193.

[47] Fan S, Zhang L, Zhang X. Growth, inequality, and poverty in rural China: The role of public investments. Research Reports 125: International Food Policy Research Institute (IFPRI), 2002: 417-419.

[48] Felbermayr G, Gröschl J. Naturally negative: The growth effects of natural disasters. Journal of Development Economics, 2014, 111: 92-106.

[49] Felbermayr G, Gröschl J, Sanders M, et al. The economic impact of weather anomalies. World Development, 2022, 151: 105745.

[50] Finger R, Hediger W, Schmid S. Irrigation as adaptation strategy to climate change—a biophysical and economic appraisal for Swiss maize production. Climatic Change, 2011, 105(3-4): 509-528.

[51] Fomby T, Ikeda Y, Loayza N V. The growth aftermath of natural disasters. Journal of Applied Econometrics, 2013, 28(3): 412-434.

[52] Foudi S, Erdlenbruch K. Role of irrigation in farmers' risk management strategies in France. European Review of Agricultural Economics, 2012, 39(3): 439-457.

[53] Fujino J, Nair R, Kainuma M, et al. Multi-gas mitigation analysis on stabilization scenarios using aim global model. The Energy Journal Special Issue, 2006, 3: 343-354.

[54] Gong B. Agricultural reforms and production in China: Changes in

provincial production function and productivity in 1978-2015. Journal of Development Economics，2018，132：18-31.

[55] Gong B. New growth accounting. American Journal of Agricultural Economics，2020，102(2)：641-661.

[56] Gong B，Zhang S，Liu X，et al. The Zoonotic diseases, agricultural production, and impact channels：Evidence from China. Global Food Security，2021，28：100463.

[57] Gould I J，Wright I，Collison M，et al. The impact of coastal flooding on agriculture：A case—study of Lincolnshire, United Kingdom. Land Degradation & Development，2020，31：1545-1559.

[58] Greene W H. Fixed and Random Effects in Stochastic Frontier Models. Journal of Productivity Analysis，2005a，23(1)：7-32.

[59] Greene W H. Reconsidering heterogeneity in panel data estimators of the stochastic frontier model. Journal of Econometrics，2005b，126(2)：269-303.

[60] Hanaoka C，Shigeoka H，Watanabe Y. Do risk preferences change? Evidence from the great east Japan earthquake. American Economic Journal：Applied Economics，2018，10(2)：298-330.

[61] Hayashi T，Yoshida T，Fujii K，et al. Maintained root length density contributes to the waterlogging tolerance in common wheat (Triticum aestivum L). (Special Issue：Crop resilience). Field Crops Research，2013，152：27-35.

[62] Headey D，Alauddin M，Rao D S P. Explaining agricultural productivity growth：An international perspective. Agricultural Economics，2010，41(1)：1-14.

[63] Hertel T W，de Lima C Z. Climate impacts on agriculture：Searching for keys under the streetlight. Food Policy，2020，95：101954.

[64] Hijioka Y，Matsuoka Y，Nishimoto H，et al. Global GHG emission scenarios under GHG concentration stabilization targets. Journal of Global Environmental Engineering，2008，13：97-108.

[65] Hsiang S，Kopp R，Jina A，et al. Estimating economic damage from climate change in the United States. Science，2017，356 (6345)：1362-1369.

[66] Huang J, Wang Y, Wang J. Farmers' adaptation to extreme weather events through farm management and its impacts on the mean and risk of rice yield in China. American Journal of Agricultural Economics, 2015, 97(2): 602-617.

[67] IPCC. Summary for policymakers in climate change and land: An IPCC special report on climate change, desertification, land degradation, sustainable land management, food security, and greenhouse gas fluxes in terrestrial ecosystems. 2019, In press.

[68] IPCC. Summary for policymakers in climate change 2022: Impacts, adaptation, and vulnerability. Contribution of Working Group II to the Sixth Assessment Report of the Intergovernmental Panel on Climate Change. Cambridge. UK: Cambridge University Press, 2022.

[69] Ito T, Kurosaki T. Weather risk, wages in kind, and the off-farm labor supply of agricultural households in a developing country. American Journal of Agricultural Economics, 2009, 91(3): 697-710.

[70] Iversen T, Bentsen M, Bethke I, et al. The Norwegian Earth System Model, NorESM1-M - Part 2: Climate response and scenario projections. Geoscientific Model Development, 2013, 6(2): 389-415.

[71] Jagnani M, Barrett C B, Liu Y, et al. Within-season producer response to warmer temperatures: Defensive investments by Kenyan farmers. Economic Journal, 2021, 131(633): 392-419.

[72] Jin S, Ma H, Huang J, et al. Productivity, efficiency and technical change: Measuring the performance of China's transforming agriculture. Journal of Productivity Analysis, 2010, 33(3): 191-207.

[73] Jones C D, Hughes J K, Bellouin N, et al. The HadGEM2-ES implementation of CMIP5 centennial simulations. Geoscientific Model Development Discussions, 2011, 4(1): 689-763.

[74] Kalirajan K P, Obwona M B, Zhao S. A decomposition of total factor productivity growth: The case of Chinese agricultural growth before and after reforms. American Journal of Agricultural Economics, 1996, 78 (2): 331-338.

[75] Kawasaki K. Two harvests are better than one: Double cropping as a strategy for climate change adaptation. American Journal of Agricultural

Economics，2019，101(1)：172-192.

[76] Kelly D L，Kolstad C D，Mitchell G T. Adjustment costs from environmental change. Journal of Environmental Economics and Management，2005，50(3)：468-495.

[77] Kocornik-Mina A，McDermott T K J，Michaels G，et al. Flooded cities. American Economic Journal：Applied Economics，2020，12(2)：35-66.

[78] Kumbharkar S C. Production frontiers，panel data and time varying technical inefficiency. Journal of Econometrics，1990，46(1-2)：201-211.

[79] Lee Y H，Schmidt P. A production frontier model with flexible temporal variation in technical efficiency. In Fried H O，Lovell C A K，Schmidt S S，eds.，The Measurement of Productive Efficiency. New York：Oxford University Press，1993.

[80] Lesk C，Rowhani P，Ramankutty N. Influence of extreme weather disasters on global crop production. Nature，2016，529(7584)：84-87.

[81] Lambert D K，Parker E. Productivity in Chinese provincial agriculture. Journal of Agricultural Economics，2010，49(3)：378-392.

[82] Lin J Y. Rural reforms and agricultural growth in China. American Economic Review，1992，82：34-51.

[83] Lin J Y. Endowments，technology，and factor markets：A natural experiment of induced institutional innovation from China's rural reform. American Journal of Agricultural Economics，1995，77(2)：231-446.

[84] Lippert C，Krimly T，Aurbacher J. A Ricardian analysis of the impact of climate change on agriculture in Germany. Climatic Change，2009，97(3-4)：593-610.

[85] Loayza N V，Olaberria E，Rigolini J，et al. Natural disasters and growth：Going beyond the averages. World Development，2012，40(7)：1317-1336.

[86] Lobell D B，Bänziger M，Magorokosho C，et al. Nonlinear heat effects on African maize as evidenced by historical yield trials. Nature Climate Change，2011，1(1)：42-45.

[87] Loenhout J A F V，Cuesta J G，Abello J E，et al. The impact of Typhoon Haiyan on admissions in two hospitals in Eastern Visayas，Philippines. Plos One，2018，13(1)：e0191516.

[88] Lu D, Cai X, Shi Y, et al. Effects of waterlogging after pollination on the physicochemical properties of starch from waxy maize. Food Chemistry, 2015, 179: 232-238.

[89] Martin G M, Bellouin N, Collins W J, et al. The HadGEM2 family of met office unified model climate configurations. Geoscientific Model Development, 2011, 4: 723-757.

[90] Massetti E, Mendelsohn R. Estimating Ricardian models with panel data. Climate Change Economics, 2011, 2(4): 301-319.

[91] Masui T, Matsumoto K, Hijioka Y, et al. An emission pathway to stabilize at 6 W/m^2 of radiative forcing. Climatic Change, 2011, 109: 59.

[92] Marshall E, Aillery M, Malcolm S, et al. Agricultural production under climate change: The potential impacts of shifting regional water balances in the United States. American Journal of Agricultural Economics, 2015, 97(2): 568-588.

[93] Meeusen W, Broeck J V D. Efficiency estimation from Cobb-Douglas production functions with composed error. International Economic Review, 1977, 18: 435-444.

[94] Mehrabi Z, Donner S, Rios P, et al. Can we sustain success in reducing deaths to extreme weather in a hotter world? World Development Perspectives, 2019, 14: 100-107.

[95] Mendelsohn R, Nordhaus W D, Shaw D. The impact of global warming on agriculture: A Ricardian analysis. American Economic Review, 1994, 84: 753-771.

[96] Mendelsohn R, Nordhaus W. The impact of global warming on agriculture: A Ricardian analysis: Reply. American Economic Review, 1999, 89(4): 1046-1048.

[97] Mérel P, Gammans M. Climate econometrics: Can the panel approach account for long - run adaptation? American Journal of Agricultural Economics, 2021, 103(4): 1207-1238.

[98] Ministry of Water Resources, People's Republic of China (MWR). bulletin of flood and drought disaster in china 2012. Beijing: China Water Power Press, 2012.

[99] Moss R H, Edmonds J A, Hibbard K A, et al. The next generation of

scenarios for climate change research and assessment. Nature, 2010, 463 (7282): 747-756.

[100] Mueller V A, Osgood D E. Long-term impacts of droughts on labor markets in developing countries: Evidence from Brazil. Journal of Development Studies, 2009, 45(10): 1651-1662.

[101] Mueller V, Quisumbing A. How resilient are labor markets to natural disasters? The case of the 1998 Bangladesh flood. Journal of Development Studies, 2011, 47(12): 1954-1971.

[102] Nordhaus W. An optimal transition path for controlling greenhouse gases. Science, 1992, 258(5086): 1315-1319.

[103] Noy I. The macroeconomic consequences of disasters. Journal of Development Economics, 2009, 88(2): 221-231.

[104] Ortiz-Bobea A, Just R E. Modeling the structure of adaptation in climate change impact assessment. American Journal of Agricultural Economics, 2013, 95(2): 244-251.

[105] Pitt M M, Lee L F. The measurement and sources of technical inefficiency in the Indonesian weaving industry. Journal of Development Economics, 1981, 9(1): 43-64.

[106] Riahi K, Grübler A, Nakicenovic N. Scenarios of long-term socio-economic and environmental development under climate stabilization. Technological Forecasting and Social Change, 2007, 74(7): 887-935.

[107] Riahi K, Krey V, Rao S, et al. RCP-8.5: Exploring the consequence of high emission trajectories. Climatic Change, 2011, 109: 33-57.

[108] Rose E. Exante and expost labor supply response to risk in a low-income area. Journal of Development Economics, 2001, 64 (2): 371-388.

[109] Ruttan V W. Productivity growth in world agriculture: Sources and constraints. Journal of Economic Perspectives, 2002, 16(4): 161-184.

[110] Schlenker W, Hanemann W M, Fisher A C. Will U.S. agriculture really benefit from global warming? Accounting for irrigation in the hedonic approach. American Economic Review, 2005, 95(1): 395-406.

[111] Schlenker W, Hanemann W M, Fisher A C. The impact of global warming on US agriculture: An econometric analysis of optimal growing

conditions. Review of Economics and Statistics, 2006, 88(1): 113-125.

[112] Schlenker W, Roberts M J. Nonlinear temperature effects indicate severe damages to US crop yields under climate change. Proceedings of the National Academy of Sciences, 2009, 106(37): 15594-15598.

[113] Schmidt P, Sickles R C. Production frontiers and panel data. Journal of Business & Economic Statistics, 1984, 2(4): 367-374.

[114] Seo S N, Mendelsohn R. Measuring impacts and adaptations to climate change: A structural Ricardian model of African livestock management. Agricultural Economics, 2008, 38(2): 151-165.

[115] Skidmore M, Toya H. Do natural disasters promote long-run growth? Economic Inquiry, 2002, 40(4): 664-687.

[116] Smit B, Burton I, Klein R J T, et al. Anatomy of adaptation to climate change and variability. Climatic Change, 2000, 45(1): 223-251.

[117] Smith S J, Wigley T M L. Multi-gas forcing stabilization with minicam. The Energy Journal Special Issue, 2006, 3:373-392.

[118] Solow R. A contribution to the theory of economic growth. Quarterly Journal of Economics, 1956, 70(1): 65-94.

[119] Song C, Liu R, Oxley L, et al. The adoption and impact of engineering-type measures to address climate change: Evidence from the major grain-producing areas in China. Australian Journal of Agricultural and Resource Economics, 2018, 62(4): 608-635.

[120] Stern N. The economics of climate change: Stern review. Cambridge UK: Cambridge University Press, 2006.

[121] Swan T. Economic growth and capital accumulation. Economic Record, 1956 (32): 334-361.

[122] Teklewold H, Kassie M, Shiferaw B. Adoption of multiple sustainable agricultural practices in rural Ethiopia: Adoption of multiple sustainable agricultural practices. Journal of Agricultural Economics, 2013, 64(3): 597-623.

[123] Thomas D S G, Twyman C, Osbahr H, et al. Adaptation to climate change and variability: Farmer responses to intra-seasonal precipitation trends in south Africa. Climatic Change, 2007, 83(3): 301-322.

[124] Thomson A M, Calvin K V, Smith S J. et al. RCP4.5: A pathway for

stabilization of radiative forcing by 2100. Climatic Change，2011，109：77.

[125] Van Vuuren D P，Eickhout B，Lucas P L，et al. Long-term multi-gas scenarios to stabilize radiative forcing-exploring costs and benefits within an integrated assessment framework. Energy Journal，2006，27：201-233.

[126] Van Vuuren D P，Den Elzen M G J，Lucas P L，et al. Stabilizing greenhouse gas concentrations at low levels：An assessment of reduction strategies and costs. Climatic Change，2007，81：119-159.

[127] Van Vuuren D P，Stehfest E，Den Elzen M G J，et al. RCP2. 6：Exploring the possibility to keep global mean temperature change below 2℃. Climatic Change，2011，109：95.

[128] Wang Y，Huang J，Wang J. Household and community assets and farmers' adaptation to extreme weather event：The case of drought in China. Journal of Integrative Agriculture，2014，13(4)：687-697.

[129] Warszawski L，Frieler K，Huber V，et al. The inter-sectoral impact model intercomparison project （ISI-MIP）：Project framework. Proceedings of the National Academy of Sciences of the United States of America，2014，111(9)：3228-3232.

[130] Welch J R，Vincent J R，Auffhammer M，et al. Rice yields in tropical/subtropical Asia exhibit large but opposing sensitivities to minimum and maximum temperatures. Proceedings of the National Academy of Sciences，2010，107(33)：14562-14567.

[131] Wheeler T，Von Braun J. Climate change impacts on global food security. Science，2013，341(6145)：508-513.

[132] Wise M，Calvin K，Thomson A，et al. Implications of limiting CO_2 concentrations for land use and energy. Science，2009，324：1183-1186.

[133] Yu X，Lei X，Wang M，et al. Temperature effects on mortality and household adaptation：Evidence from China. Journal of Environmental Economics and Management，2019，96：195-212.

[134] Zaveri E，Russ J，Damania R. Rainfall anomalies are a significant driver of cropland expansion. Proceedings of the National Academy of Sciences，2020，117(19)：10225-10233.

[135] Zhang Y，Brümmer，B. Productivity change and the effects of policy

reform in China's agriculture since 1979. Asian Pacific Economic Literature，2011，25(2)：131-150.

[136] Zhang P，Zhang J，Chen M. Economic impacts of climate change on agriculture：The importance of additional climatic variables other than temperature and precipitation. Journal of Environmental Economics and Management，2017，83：8-31.

[137] Zhang S，Wang S，Yuan L，et al. The impact of epidemics on agricultural production and forecast of COVID-19. China Agricultural Economic Review，2020，12(3)：409-425.

[138] Zhou L，Zhang H. Productivity growth in China's agriculture during 1985-2010. Journal of Integrative Agriculture，2013，12（10）：1896-1904.

[139] 卜凡蕊，孙鹏，姚蕊，等. 淮河流域高温热浪时空演变规律及成因分析. 地理科学，2021，41(4)：705-716.

[140] 陈风波，陈传波，丁士军. 中国南方农户的干旱风险及其处理策略. 中国农村经济，2005(6)：61-67.

[141] 陈玉萍，陈传波，丁士军. 南方干旱及其对水稻生产的影响:以湖北、广西和浙江三省为例. 农业经济问题，2009，31(11)：51-57.

[142] 陈煌，王金霞，黄季焜. 农田水利设施抗旱效果评估：基于全国7省(市)的实证研究. 自然资源学报，2012，27(10)：1656-1665.

[143] 陈卫洪，谢晓英. 气候灾害对粮食安全的影响机制研究. 农业经济问题，2013，34(1)：12-19.

[144] 陈帅，徐晋涛，张海鹏. 气候变化对中国粮食生产的影响:基于县级面板数据的实证分析. 中国农村经济，2016(5)：2-15.

[145] 戴维·罗默. 高级宏观经济学. 4版. 上海：上海财经大学出版社，2019.

[146] 冯晓龙，刘明月，霍学喜. 气候变化适应性行为及空间溢出效应对农户收入的影响:来自4省苹果种植户的经验证据. 农林经济管理学报，2016，15(5)：570-578.

[147] 冯相昭，邹骥，马珊，王雪臣. 极端气候事件对中国农村经济影响的评价. 农业技术经济，2007(2)：19-25.

[148] 龚斌磊. 中国农业技术扩散与生产率区域差距. 经济研究，2022，11：102-120.

[149] 龚斌磊，张书睿. 省际竞争对中国农业的影响. 浙江大学学报（人文社会

科学版),2019,49(2):14-31.

[150] 龚斌磊,张书睿,王硕,等. 新中国成立70年农业技术进步研究综述. 农业经济问题,2020(6):11-29.

[151] 洪名勇,周欢,刘洪. 自然灾害对贵州省粮食波动的影响研究. 农业现代化研究,2016,37(1):35-42.

[152] 侯麟科,仇焕广,汪阳洁,等. 气候变化对我国农业生产的影响:基于多投入多产出生产函数的分析. 农业技术经济,2015(3):4-14.

[153] 侯玲玲,王金霞,黄季焜. 不同收入水平的农民对极端干旱事件的感知及其对适应措施采用的影响:基于全国9省农户大规模调查的实证分析. 农业技术经济,2016(11):24-33.

[154] 胡容海,李贤恩,魏海,等. 基于DEM的山区旱灾风险评价模型:以西南地区为例. 自然灾害学报,2012,21(2):157-162.

[155] 贾美芹. 略论我国自然灾害对宏观经济增长的影响:基于内生经济增长理论视角. 经济问题,2013(8):54-57.

[156] 贾佳,胡泽勇. 中国不同等级高温热浪的时空分布特征及趋势. 地球科学进展,2017,32(5):546-559.

[157] 李宏. 基于国民财富损失控制的自然灾害防灾减灾研究. 大连:东北财经大学,2011.

[158] 李美佳,徐志刚,林光华. 灾害损失可控性、受灾经历与农户极端气候响应. 农业技术经济,2022:1-13.

[159] 李双双,延军平,杨赛霓,等. 1960—2016年秦岭—淮河地区热浪时空变化特征及其影响因素. 地理科学进展,2018,37(4):504-514.

[160] 刘升平. 基于GIS的农业自然灾害区域影响分析方法研究. 中国农业科学院,2012.

[161] 刘晓敏,王慧军. 自然灾害对河北省粮食产量影响的实证分析. 灾害学,2014,29(1):115-119.

[162] 刘宪锋,朱秀芳,潘耀忠,等. 农业干旱监测研究进展与展望. 地理学报,2015,70(11):1835-1848.

[163] 龙方,杨重玉,彭澧丽. 自然灾害对中国粮食产量影响的实证分析:以稻谷为例. 中国农村经济,2011(5):33-44.

[164] 卢晶亮,冯帅章,艾春荣. 自然灾害及政府救助对农户收入与消费的影响:来自汶川大地震的经验. 经济学(季刊),2014(1):745-766.

[165] 吕亚荣,陈淑芬. 农民对气候变化的认知及适应性行为分析. 中国农村

经济，2010(7)：75-86.

[166] 马九杰，崔卫杰，朱信凯. 农业自然灾害风险对粮食综合生产能力的影响分析. 农业经济问题，2005(4)：14-17,79.

[167] 聂荣，宋妍. 农业气象指数保险研究与设计：基于辽宁省玉米的面板数据. 东北大学学报(社会科学版)，2018，20(3)：262-268,298.

[168] 气象干旱等级. GB/T 20481—2017. 北京：中国气象局，2017.

[169] 山立威. 心理还是实质：汶川地震对中国资本市场的影响. 经济研究，2011(4)：121-134.

[170] 沈皓俊，游庆龙，王朋岭，等. 1961—2014 年中国高温热浪变化特征分析. 气象科学，2018，38(1)：28-36.

[171] 宋春晓，马恒运，黄季焜，等. 气候变化和农户适应性对小麦灌溉效率影响：基于中东部 5 省小麦主产区的实证研究. 农业技术经济，2014(2)：4-16.

[172] 孙良顺. 水旱灾害、水利投资对粮食产量的影响. 西北农林科技大学学报(社会科学版)，2016，16(5)：136-142.

[173] 孙艺杰，刘宪锋，任志远，等. 1960—2016 年黄土高原干旱和热浪时空变化特征. 地理科学进展，2020，39(4)：591-601.

[174] 唐彦东，于汐. 灾害经济学. 3 版. 北京：应急管理出版社，2021.

[175] 田丹宇. 中国目前气候治理组织机构评析. 中国政法大学学报，2013(1)：138-149,160.

[176] 田素妍，陈嘉烨. 可持续生计框架下农户气候变化适应能力研究. 中国人口·资源与环境，2014，24(5)：31-37.

[177] 王文，胡彦君，徐川怡. 1961—2018 年淮河流域热浪事件时空变化特征. 地理科学，2021，41(5)：911-921.

[178] 王劲松，李耀辉，王润元，等. 我国气象干旱研究进展评述. 干旱气象，2012，30(4)：497-508.

[179] 汪阳洁，仇焕广，陈晓红. 气候变化对农业影响的经济学方法研究进展. 中国农村经济，2015(9)：4-16.

[180] 王珏，宋文飞，韩先锋. 中国地区农业全要素生产率及其影响因素的空间计量分析：基于 1992—2007 年省域空间面板数据. 中国农村经济，2010(8)：24-35.

[181] 吴春雅，刘菲菲. 气候变化背景下稻农洪涝适应性工程措施采用行为研究：基于鄱阳湖生态经济区调查. 农业技术经济，2015(3)：15-24.

[182] 吴雪婧,于小兵,钱宇.自然灾害如何影响农户的贫困脆弱性:基于 CFPS 微观数据的实证分析.农业技术经济,2022(6):46-60.

[183] 吴锦成,朱烨,刘懿,等.中国热浪时空变化特征分析.水文,2022,42 (3):72-77.

[184] 项勇,舒志乐.灾害经济学.北京:机械工业出版社,2022.

[185] 肖兰兰.国际气候制度在中国内化的表现、动力及其影响.理论月刊, 2015(8):176-181,188.

[186] 肖大伟,陈志钢.最近 30 年水旱灾害对中国大陆地区粮食减产的影响分 析.东北农业大学学报(社会科学版),2012,10(4):6-9.

[187] 谢永刚,张佳丹,周长生.西方灾后重建经济理论及其借鉴意义.灾害 学,2009,24(4):84-88.

[188] 许玲燕,王慧敏,陈军飞,等.基于农作物生长季的干旱指数巨灾期权契 约设计研究.干旱区资源与环境,2018a,32(7):140-146.

[189] 许玲燕,王慧敏,仇蕾.基于农作物生长季的干旱指数巨灾期权定价模 型及其应用.保险研究,2018b,6:66-76.

[190] 闫绪娴.灾害损失与经济增长:基于中国 2002—2011 年的省际面板数据 分析.宏观经济研究,2014(5):99-106.

[191] 严奉宪,武洲洋,黄玲玲.农业减灾公共品:农户自主供给意愿及其影响 因素分析:基于湖北省农户调查数据.中国农村经济,2014(11):52-64.

[192] 杨若子.东北玉米主要农业气象灾害的时空特征与风险综合评估.中国 气象科学研究院,2015.

[193] 杨志勇,刘琳,曹永强,等.农业干旱灾害风险评价及预测预警研究进 展.水利经济,2011,29(2):12-17,75.

[194] 杨宇,王金霞,黄季焜.极端干旱事件、农田管理适应性行为与生产风 险:基于华北平原农户的实证研究.农业技术经济,2016(9):4-17.

[195] 杨浩,庄天慧,蓝红星.气象灾害对贫困地区农户脆弱性影响研究:基于 全国 592 个贫困县 53271 户的分析.农业技术经济,2016(3):103-112.

[196] 杨若子,周广胜.不同玉米低温冷害指标在梅河口地区的比较分析.气 象科学,2012,32(6):600-608.

[197] 姚玉璧,张存杰,邓振镛,等.气象、农业干旱指标综述.干旱地区农业研 究,2007(1):185-189,211.

[198] 余荣,翟盘茂.关于复合型极端事件的新认识和启示.大气科学学报, 2021,44(5):645-649.

[199] 尹朝静. 气候变化对中国水稻生产的影响研究. 武汉:华中农业大学,2017.

[200] 尹朝静,李谷成,范丽霞,等. 气候变化、科技存量与农业生产率增长. 中国农村经济,2016(5):16-28.

[201] 袁文平,周广胜. 干旱指标的理论分析与研究展望. 地球科学进展,2004(6):982-991.

[202] 张佳丹. 灾害问题的经济学分析. 哈尔滨:黑龙江大学,2007.

[203] 张梅. 可持续发展的理念及全球实践. 国际问题研究,2012(3):107-119.

[204] 张露,郭晴,张俊飚,等. 农户对气候灾害响应型生产性公共服务的需求及其影响因素分析:基于湖北省十县(区、市)百组千户的调查. 中国农村观察,2017(3):102-116.

[205] 张养才,何维勋,李世奎. 中国农业气象灾害概论. 北京:气象出版社,1991.

[206] 张海滨,黄晓璞,陈婧嫣. 中国参与国际气候变化谈判30年:历史进程及角色变迁. 阅江学刊,2021,13(6):15-40,134-135.

[207] 张继权,李宁. 主要气象灾害风险评估与管理的数量化方法及应用. 北京:北京师范大学出版社,2007.

[208] 张紫云,王金霞,黄季焜. 农业生产抗冻适应性措施:采用现状及决定因素研究. 农业技术经济,2014(9):4-13.

[209] 张龙耀,徐曼曼,刘俊杰. 自然灾害冲击与农户信贷获得水平:基于CFPS数据的实证研究. 中国农村经济,2019(3):36-52.

[210] 赵雪雁. 农户对气候变化的感知与适应研究综述. 应用生态学报,2014,25(8):2440-2448.

[211] 赵映慧,郭晶鹏,毛克彪,等. 1949—2015年中国典型自然灾害及粮食灾损特征. 地理学报,2017,72(7):1261-1276.

[212] 赵建军,蒋远胜. 气候变化对我国农业受灾面积的影响分析:基于1951—2009年的数据分析. 农业技术经济,2011(3):112-118.

[213] 郑功成. 灾害经济学. 北京:商务印书馆,2010.

[214] 中国气象局气候变化中心. 中国气候变化蓝皮书(2022). 北京:科学出版社,2022.

[215] 中国气象局国家气候中心. 中国气候公报(2022). 北京:科学出版社,2022.

[216] 朱焱. 中国气候外交研究. 北京:中共中央党校,2014.

附　录

附表 1　1981—2015 年中国农业总产值与实际增长率(1990 年不变价格)

年份	农业总产值/亿元	实际增长率/%
1981	997.12	
1982	1262.03	26.57
1983	1522.85	20.67
1984	1948.18	27.93
1985	2047.41	5.09
1986	2325.30	13.57
1987	2821.12	21.32
1988	3315.69	17.53
1989	3796.83	14.51
1990	4954.30	30.49
1991	5192.75	4.81
1992	5875.12	13.14
1993	7305.61	24.35
1994	10466.14	43.26
1995	14637.28	39.85
1996	17976.57	22.81
1997	19219.36	6.91
1998	20727.85	7.85
1999	21413.15	3.31
2000	21354.89	−0.27
2001	23063.24	8.00
2002	24739.29	7.27
2003	24760.77	0.09
2004	32770.09	32.35
2005	36887.79	12.57

续表

年份	农业总产值/亿元	实际增长率/%
2006	42663.78	15.66
2007	50249.78	17.78
2008	59517.76	18.44
2009	66663.61	12.01
2010	83270.36	24.91
2011	98782.96	18.63
2012	114539.56	15.95
2013	130507.04	13.94
2014	145033.61	11.13
2015	159806.04	10.19

数据来源:《中国统计年鉴》。

附表 2　1981—2015 年中国主要农作物产量情况

单位：万吨

年份	粮食作物	油料作物	糖料作物	蔬菜作物
1981	32502.00	1020.52	3602.85	
1982	35450.00	1181.73	4359.39	
1983	38727.50	1054.97	4032.30	
1984	40730.50	1190.95	4780.36	
1985	37910.80	1578.42	6046.78	
1986	39151.20	1473.76	5852.51	
1987	40473.10	1527.78	5550.41	
1988	39408.10	1320.27	6187.46	
1989	40754.90	1295.22	5803.80	
1990	44624.30	1613.16	7214.47	
1991	43529.30	1638.31	8418.74	
1992	44265.80	1641.15	8807.98	
1993	45648.80	1803.94	7624.20	
1994	44510.10	1989.59	7345.24	
1995	46661.80	2250.34	7940.14	25726.71
1996	50453.50	2210.61	8360.24	30123.09
1997	49417.10	2157.38	9386.47	35962.39
1998	51229.53	2313.86	9790.41	38491.93
1999	50838.58	2601.15	8334.12	40513.52
2000	46217.52	2954.83	7635.33	44467.94
2001	45263.67	2864.90	8655.13	48422.36
2002	45705.75	2897.20	10292.68	52860.56
2003	43069.53	2811.00	9641.65	54032.32
2004	46946.95	3065.91	9570.65	55064.66
2005	48402.19	3077.14	9451.91	56451.49
2006	49804.23	2640.31	10459.97	53953.05

续表

年份	粮食作物	油料作物	糖料作物	蔬菜作物
2007	50413.85	2786.99	12082.35	57537.82
2008	53434.29	3036.76	13005.96	58669.21
2009	53940.86	3139.42	11746.90	59139.48
2010	55911.31	3156.77	11303.36	57264.86
2011	58849.33	3212.51	11663.11	59766.63
2012	61222.62	3285.62	12451.81	61624.46
2013	63048.20	3348.00	12555.01	63197.98
2014	63964.83	3371.92	12088.73	64948.65
2015	66060.27	3390.47	11215.22	66425.10

数据来源:《中国统计年鉴》(1981—1994 年蔬菜数据缺失)。

附表 3　1981—2015 年中国主要粮食作物产量情况

单位:万吨

年份	水稻	小麦	玉米	大豆
1981	14395.50	5964.00	5920.50	932.50
1982	16159.50	6847.00	6056.00	903.00
1983	16886.50	8139.00	6820.50	976.00
1984	17825.50	8781.50	7341.00	969.50
1985	16856.90	8580.50	6382.60	1050.00
1986	17222.40	9004.00	7085.60	1161.40
1987	17441.60	8776.80	7982.20	1218.40
1988	16910.74	8543.20	7735.10	1164.50
1989	18013.00	9080.70	7892.80	1022.70
1990	18933.14	9822.90	9681.90	1100.00
1991	18381.30	9595.30	9877.30	971.30
1992	18622.20	10158.70	9538.30	1030.40
1993	17751.40	10639.00	10270.40	1530.70
1994	17593.30	9929.70	9927.50	1599.90
1995	18522.60	10220.70	11198.60	1350.20
1996	19510.27	11056.91	12747.10	1322.42
1997	20073.48	12328.85	10430.87	1473.15
1998	19871.30	10972.61	13295.40	1515.18
1999	19848.73	11387.96	12808.63	1424.53
2000	18790.77	9963.58	10599.98	1540.90
2001	17758.03	9387.34	11408.77	1540.56
2002	17453.85	9029.00	12130.76	1650.54
2003	16065.56	8648.85	11583.02	1539.32
2004	17908.76	9195.18	13028.71	1740.15
2005	18058.84	9744.51	13936.54	1634.78
2006	18171.83	10846.59	15160.30	1508.18

续表

年份	水稻	小麦	玉米	大豆
2007	18638.11	10949.15	15512.25	1279.34
2008	19261.22	11290.13	17211.95	1570.90
2009	19619.67	11579.61	17325.86	1522.42
2010	19722.57	11609.34	19075.18	1540.99
2011	20288.25	11856.95	21131.60	1487.85
2012	20653.23	12247.49	22955.90	1343.59
2013	20628.56	12363.93	24845.32	1240.71
2014	20960.91	12823.52	24976.44	1268.57
2015	21214.19	13255.52	26499.22	1236.74

数据来源:《中国统计年鉴》。

附表 4　1981—2015 年中国主要农作物单位面积产量情况

单位:公斤/公顷

年份	粮食作物	油料作物	糖料作物	蔬菜作物
1981	2827.30	1117.24	36500.52	
1982	3124.38	1264.82	39076.64	
1983	3395.74	1257.38	33660.43	
1984	3608.18	1372.45	38860.50	
1985	3483.00	1337.67	39644.06	
1986	3529.28	1291.13	39805.78	
1987	3637.45	1366.47	40912.09	
1988	3578.57	1243.32	37081.77	
1989	3632.19	1233.09	37969.71	
1990	3932.84	1479.94	42965.41	
1991	3875.69	1420.95	43235.08	
1992	4003.79	1428.40	46216.68	
1993	4130.79	1619.00	45206.34	
1994	4063.23	1646.89	41857.98	
1995	4239.65	1717.60	43629.53	27039.00
1996	4482.85	1760.69	45293.08	28714.09
1997	4376.60	1742.47	48810.35	31858.67
1998	4502.21	1791.03	49338.39	31312.48
1999	4492.59	1870.53	50700.34	30354.37
2000	4261.15	1918.68	50426.30	29183.67
2001	4266.94	1958.12	52321.20	29521.42
2002	4399.40	1962.04	56630.00	30462.03
2003	4332.50	1875.25	58172.46	30095.27
2004	4620.49	2124.57	61034.48	31357.26
2005	4641.63	2149.18	60419.31	31856.23
2006	4745.17	2249.29	66753.45	32425.38

续表

年份	粮食作物	油料作物	糖料作物	蔬菜作物
2007	4756.09	2257.83	68794.21	32772.84
2008	4968.57	2294.93	67521.27	32850.75
2009	4892.37	2335.08	65098.12	33191.58
2010	5005.69	2304.99	62477.53	32851.90
2011	5208.81	2384.73	63577.00	33370.78
2012	5353.12	2445.58	66002.05	33316.17
2013	5439.53	2491.46	68070.03	33551.26
2014	5445.89	2517.36	69591.37	33784.99
2015	5553.02	2546.47	71315.21	33867.79

数据来源:《中国统计年鉴》(1981—1994 年蔬菜数据缺失)。

附表 5　1981—2015 年中国主要粮食作物单位面积产量情况

单位:公斤/公顷

年份	水稻	小麦	玉米	大豆
1981	4323.66	2106.92	3047.89	1162.21
1982	4886.30	2449.26	3265.92	1072.60
1983	5096.07	2801.73	3623.26	1289.79
1984	5372.62	2969.08	3960.29	1330.61
1985	5256.27	2936.70	3607.20	1360.50
1986	5337.61	3040.22	3705.15	1400.20
1987	5417.86	3047.72	3949.30	1442.76
1988	5286.66	2967.96	3928.08	1434.15
1989	5508.50	3042.99	3877.90	1269.29
1990	5726.12	3194.11	4523.94	1455.10
1991	5640.17	3100.47	4578.28	1379.49
1992	5803.08	3331.18	4532.66	1426.97
1993	5847.89	3518.82	4962.96	1619.09
1994	5831.12	3426.33	4693.39	1734.91
1995	6024.77	3541.45	4916.91	1661.44
1996	6212.35	3734.11	5203.29	1770.18
1997	6319.40	4101.87	4387.31	1765.06
1998	6366.19	3685.29	5267.83	1782.53
1999	6344.79	3946.61	4944.71	1789.16
2000	6271.59	3738.22	4597.47	1655.71
2001	6163.33	3806.13	4698.44	1624.77
2002	6188.96	3776.51	4924.46	1892.92
2003	6060.68	3931.84	4812.59	1652.89
2004	6310.61	4251.92	5120.20	1814.78
2005	6260.18	4275.30	5287.34	1704.54
2006	6279.60	4593.40	5326.32	1620.93

续表

年份	水稻	小麦	玉米	大豆
2007	6432.98	4607.92	5166.67	1453.65
2008	6562.54	4763.04	5555.70	1702.80
2009	6585.33	4740.84	5258.49	1630.23
2010	6553.03	4749.70	5453.68	1771.22
2011	6687.32	4838.22	5747.51	1836.25
2012	6776.89	4988.61	5869.69	1814.38
2013	6717.27	5058.97	6015.93	1759.89
2014	6813.21	5246.36	5808.91	1787.33
2015	6891.28	5395.68	5892.85	1811.44

数据来源:《中国统计年鉴》。

附表 6　1981—2015 年中国农业投入情况

年份	土地/千公顷	劳动/万人	化肥/万吨	机械/万千瓦
1981	145157.07	32672.30	1334.90	15679.76
1982	144754.60	33866.50	1513.40	16614.21
1983	143993.47	34689.80	1659.80	18022.10
1984	144221.33	35967.60	1739.80	19497.22
1985	143625.87	37065.10	1775.80	20912.55
1986	144204.00	37989.80	1930.60	22950.00
1987	144956.53	39000.40	1999.30	24836.00
1988	144868.93	40066.70	2141.50	26575.00
1989	146553.93	40938.80	2357.10	28067.00
1990	148362.27	42009.50	2590.30	28707.70
1991	149585.80	43092.50	2805.10	29388.60
1992	149007.10	43801.60	2930.20	30308.40
1993	147740.70	44255.70	3151.90	31816.60
1994	148240.60	44654.10	3317.90	33802.50
1995	149879.30	45041.80	3593.70	36118.05
1996	152380.60	45288.00	3827.93	38546.92
1997	153969.15	46234.30	3980.70	42015.64
1998	155705.70	46432.30	4085.60	45207.71
1999	156372.81	46896.49	4124.32	48996.12
2000	156299.85	47962.14	4146.41	52573.61
2001	155707.86	48228.94	4253.76	55172.10
2002	154635.51	48526.85	4339.39	57929.85
2003	152414.96	48971.02	4411.56	60386.54
2004	153552.55	49695.28	4636.58	64027.91
2005	155487.73	50387.26	4766.22	68397.85
2006	152149.50	50976.81	4927.69	72522.12
2007	153010.07	51435.74	5107.83	76589.56
2008	155565.53	52025.64	5239.02	82190.41

续表

年份	土地/千公顷	劳动/万人	化肥/万吨	机械/万千瓦
2009	157242.45	52599.30	5404.35	87496.10
2010	158579.48	53243.93	5561.68	92780.48
2011	160360.38	53685.44	5704.24	97734.66
2012	162071.25	53857.88	5838.85	102558.96
2013	163702.25		5911.86	103906.75
2014	165183.32		5995.94	108056.58
2015	166829.28		6022.60	111728.07

数据来源:《中国统计年鉴》(由于统计口径差异,2012 年后的乡村从业人员暂未统计)。

附表 7 1981—2015 年中国主要农作物播种面积情况

单位：千公顷

年份	粮食作物	油料作物	糖料作物	蔬菜作物
1981	114957.67	9134.33	987.07	3447.87
1982	113462.40	9343.07	1115.60	3887.47
1983	114047.20	8390.20	1197.93	4101.67
1984	112883.93	8677.53	1230.13	4320.00
1985	108845.13	11799.80	1525.27	4753.33
1986	110932.60	11414.50	1470.27	5304.13
1987	111267.77	11180.50	1356.67	5572.33
1988	110122.60	10618.87	1668.60	6031.93
1989	112204.67	10503.80	1528.53	6290.33
1990	113465.87	10900.13	1679.13	6338.33
1991	112313.60	11529.67	1947.20	6546.00
1992	110559.70	11489.40	1905.80	7031.00
1993	110508.70	11142.30	1686.53	8084.00
1994	109543.70	12080.90	1754.80	8921.00
1995	110060.40	13101.60	1819.90	9514.70
1996	112547.92	12555.32	1845.81	10491.00
1997	112912.10	12381.12	1923.05	11288.00
1998	113787.40	12919.13	1984.34	12293.00
1999	113160.98	13905.96	1643.80	13346.85
2000	108462.54	15400.31	1514.16	15237.27
2001	106080.04	14630.92	1654.23	16402.45
2002	103890.83	14766.35	1817.53	17352.93
2003	99410.37	14990.01	1657.42	17953.76
2004	101606.03	14430.74	1568.07	17560.42
2005	104278.38	14317.74	1564.39	17720.71
2006	104957.70	11738.42	1566.96	16639.14

续表

年份	粮食作物	油料作物	糖料作物	蔬菜作物
2007	105998.62	12343.68	1756.30	17556.55
2008	107544.51	13232.50	1926.20	17859.32
2009	110255.09	13444.60	1804.49	17817.61
2010	111695.42	13695.40	1809.19	17431.22
2011	112980.35	13471.18	1834.49	17909.87
2012	114368.04	13434.93	1886.58	18496.86
2013	115907.54	13437.92	1844.42	18836.25
2014	117455.18	13394.68	1737.10	19224.12
2015	118962.81	13314.39	1572.63	19613.06

数据来源:《中国统计年鉴》。

附表 8 1981—2015 年中国主要粮食作物播种面积情况

单位:千公顷

年份	水稻	小麦	玉米	大豆
1981	33294.73	28306.73	19424.93	8023.53
1982	33071.07	27955.33	18543.00	8418.80
1983	33136.33	29049.87	18824.20	7567.13
1984	33178.40	29576.47	18536.53	7286.13
1985	32070.07	29218.13	17694.07	7717.73
1986	32266.13	29616.27	19123.67	8294.53
1987	32192.80	28797.93	20211.67	8444.93
1988	31987.47	28784.80	19691.80	8119.80
1989	32700.40	29841.40	20353.27	8057.27
1990	33064.47	30753.20	21401.47	7559.60
1991	32590.00	30947.87	21574.27	7041.00
1992	32090.20	30495.80	21043.50	7220.90
1993	30355.20	30234.60	20694.10	9454.10
1994	30171.40	28980.60	21152.10	9221.80
1995	30744.10	28860.20	22775.70	8126.70
1996	31406.77	29610.54	24498.15	7470.55
1997	31764.87	30056.69	23775.09	8346.18
1998	31213.80	29774.05	25238.84	8500.17
1999	31283.49	28855.07	25903.71	7962.01
2000	29961.72	26653.28	23056.11	9306.58
2001	28812.38	24663.76	24282.05	9481.70
2002	28201.60	23908.31	24633.71	8719.55
2003	26507.83	21996.92	24068.16	9312.91
2004	28378.80	21625.97	25445.67	9588.75
2005	28847.18	22792.57	26358.30	9590.75
2006	28937.89	23613.40	28462.98	9304.42

续表

年份	水稻	小麦	玉米	大豆
2007	28972.75	23761.62	30023.72	8800.85
2008	29350.26	23703.61	30980.68	9225.39
2009	29793.01	24425.25	32948.34	9338.63
2010	30096.87	24442.27	34976.73	8700.15
2011	30338.41	24506.86	36766.52	8102.64
2012	30475.97	24550.93	39109.23	7405.24
2013	30709.74	24439.65	41299.21	7049.92
2014	30765.12	24442.70	42996.81	7097.57
2015	30784.09	24566.90	44968.39	6827.39

数据来源:《中国统计年鉴》。

附表9　1981—2015 年中国农田灌溉面积变化情况

单位:千公顷

年份	有效灌溉面积	节水灌溉面积	节水灌溉占比	除涝面积
1981	44574			
1982	44177			
1983	44644			
1984	44453			
1985	44036			
1986	44226			18584
1987	44403			18761
1988	44376			18958
1989	44917			19058
1990	47403			19229
1991	47822			19337
1992	48590			19580
1993	48728			19771
1994	48759			19883
1995	49281			19978
1996	50381			20065
1997	51239			20279
1998	52296			20526
1999	53158	15235	29	20681
2000	53820	16389	30	20989
2001	54249	17446	32	21021
2002	54355	18627	34	21097
2003	54014	19443	36	21139
2004	54478	20346	37	21198
2005	55029	21338	39	21339
2006	55751	22426	40	21376

续表

年份	有效灌溉面积	节水灌溉面积	节水灌溉占比	除涝面积
2007	56518	23489	42	21419
2008	58472	24436	42	21425
2009	59261	25755	43	21584
2010	60348	27314	45	21692
2011	61682	29179	47	21722
2012	62491	31217	50	21857
2013	63473	27109	43	21943
2014	64540	29019	45	22369
2015	65873	31060	47	22713

数据来源:《中国统计年鉴》(1981—1998 年节水灌溉面积数据缺失;1981—1985 年除涝面积数据缺失)。

附表 10 1985—2015 年中国年平均气温与降水量

年份	年平均气温/摄氏度	年平均降水量/毫米
1985	13.30	964.82
1986	13.56	864.08
1987	13.79	924.32
1988	13.69	847.09
1989	13.94	888.05
1990	14.24	901.43
1991	13.93	902.11
1992	13.62	822.07
1993	13.78	963.91
1994	14.09	946.88
1995	14.03	852.56
1996	13.66	915.71
1997	13.84	863.50
1998	14.94	1008.98
1999	14.39	913.66
2000	14.10	869.50
2001	14.37	848.91
2002	14.55	927.39
2003	14.20	873.70
2004	14.60	827.90
2005	14.10	887.10
2006	14.70	817.60
2007	14.90	787.80
2008	14.32	923.00
2009	14.45	853.01
2010	14.10	978.90
2011	13.88	786.96
2012	13.83	934.87

续表

年份	年平均气温/摄氏度	年平均降水量/毫米
2013	14.38	885.33
2014	14.41	913.65
2015	14.56	1011.63

数据来源:《中国统计年鉴》(由主要城市年平均气温与降水量数据整理得到)。

附表 11　1981—2015 年中国农作物受灾总体情况

年份	受灾面积/千公顷	成灾面积/千公顷	受灾率/%	成灾率/%	成灾占受灾比重/%
1981	39790.00	18740.00	27.41	12.91	47.10
1982	33130.00	16120.00	22.89	11.14	48.66
1983	34710.00	16210.00	24.11	11.26	46.70
1984	31890.00	15610.00	22.11	10.82	48.95
1985	44370.00	22710.00	30.89	15.81	51.18
1986	47140.00	23660.00	32.69	16.41	50.19
1987	42090.00	20390.00	29.04	14.07	48.44
1988	50870.00	24500.00	35.11	16.91	48.16
1989	46990.00	24450.00	32.06	16.68	52.03
1990	38470.00	17820.00	25.93	12.01	46.32
1991	55470.00	27810.00	37.08	18.59	50.14
1992	51330.00	25900.00	34.45	17.38	50.46
1993	48830.00	23130.00	33.05	15.66	47.37
1994	55050.00	31380.00	37.14	21.17	57.00
1995	45820.00	22270.00	30.57	14.86	48.60
1996	46990.00	21230.00	30.84	13.93	45.18
1997	53430.00	30310.00	34.70	19.69	56.73
1998	50150.00	25180.00	32.21	16.17	50.21
1999	49980.00	26730.00	31.96	17.09	53.48
2000	54690.00	34370.00	34.99	21.99	62.85
2001	52210.00	31790.00	33.53	20.42	60.89
2002	46950.00	27160.00	30.36	17.56	57.85
2003	54510.00	32520.00	35.76	21.34	59.66
2004	37110.00	16300.00	24.17	10.62	43.92
2005	38820.00	19970.00	24.97	12.84	51.44
2006	41090.00	24630.00	27.01	16.19	59.94
2007	48990.00	25060.00	32.02	16.38	51.15

续表

年份	受灾面积/千公顷	成灾面积/千公顷	受灾率/%	成灾率/%	成灾占受灾比重/%
2008	39990.00	22280.00	25.71	14.32	55.71
2009	47210.00	21230.00	30.02	13.50	44.97
2010	37430.00	18540.00	23.60	11.69	49.53
2011	32470.00	12440.00	20.25	7.76	38.31
2012	24960.00	11470.00	15.40	7.08	45.95
2013	31350.00	14300.00	19.15	8.74	45.61
2014	24890.00	12680.00	15.07	7.68	50.94
2015	21770.00	12380.00	13.05	7.42	56.87

数据来源:《中国统计年鉴》。

附表 12　1981—2015 年中国农作物受洪涝影响情况

年份	受灾面积/千公顷	成灾面积/千公顷	受灾占总受灾/%	成灾占总成灾/%	成灾占受灾比重/%
1981	8620.00	3970.00	21.66	21.18	46.06
1982	8360.00	4400.00	25.23	27.30	52.63
1983	12160.00	5750.00	35.03	35.47	47.29
1984	10630.00	5390.00	33.33	34.53	50.71
1985	14200.00	8950.00	32.00	39.41	63.03
1986	9160.00	5600.00	19.43	23.67	61.14
1987	8690.00	4100.00	20.65	20.11	47.18
1988	11950.00	6130.00	23.49	25.02	51.30
1989	11330.00	5920.00	24.11	24.21	52.25
1990	11800.00	5600.00	30.67	31.43	47.46
1991	24600.00	14610.00	44.35	52.54	59.39
1992	9420.00	4460.00	18.35	17.22	47.35
1993	16390.00	8610.00	33.57	37.22	52.53
1994	17330.00	10740.00	31.48	34.23	61.97
1995	12730.00	7600.00	27.78	34.13	59.70
1996	18150.00	10860.00	38.63	51.15	59.83
1997	11420.00	5840.00	21.37	19.27	51.14
1998	22290.00	13790.00	44.45	54.77	61.87
1999	9020.00	5070.00	18.05	18.97	56.21
2000	7320.00	4320.00	13.38	12.57	59.02
2001	6040.00	3610.00	11.57	11.36	59.77
2002	12290.00	7390.00	26.18	27.21	60.13
2003	19210.00	12290.00	35.24	37.79	63.98
2004	7310.00	3750.00	19.70	23.01	51.30
2005	10930.00	6050.00	28.16	30.30	55.35
2006	8000.00	4570.00	19.47	18.55	57.13
2007	10460.00	5100.00	21.35	20.35	48.76

续表

年份	受灾面积/千公顷	成灾面积/千公顷	受灾占总受灾/%	成灾占总成灾/%	成灾占受灾比重/%
2008	6480.00	3660.00	16.20	16.43	56.48
2009	7610.00	3160.00	16.12	14.88	41.52
2010	17520.00	7020.00	46.81	37.86	40.07
2011	6860.00	2840.00	21.13	22.83	41.40
2012	7730.00	4140.00	30.97	36.09	53.56
2013	8760.00	4860.00	27.94	33.99	55.48
2014	4720.00	2700.00	18.96	21.29	57.20
2015	5620.00	3330.00	25.82	26.90	59.25

数据来源:《中国统计年鉴》。

附表 13　1981—2015 年中国农作物受干旱影响情况

年份	受灾面积/千公顷	成灾面积/千公顷	受灾占总受灾/%	成灾占总成灾/%	成灾占受灾比重/%
1981	25690.00	12130.00	64.56	64.73	47.22
1982	20700.00	9970.00	62.48	61.85	48.16
1983	16090.00	7590.00	46.36	46.82	47.17
1984	15820.00	7010.00	49.61	44.91	44.31
1985	22990.00	10060.00	51.81	44.30	43.76
1986	31040.00	14760.00	65.85	62.38	47.55
1987	24920.00	13030.00	59.21	63.90	52.29
1988	32900.00	15300.00	64.67	62.45	46.50
1989	29360.00	15260.00	62.48	62.41	51.98
1990	18170.00	7810.00	47.23	43.83	42.98
1991	24910.00	10560.00	44.91	37.97	42.39
1992	32980.00	17050.00	64.25	65.83	51.70
1993	21100.00	8660.00	43.21	37.44	41.04
1994	30420.00	17050.00	55.26	54.33	56.05
1995	23460.00	10400.00	51.20	46.70	44.33
1996	20150.00	6250.00	42.88	29.44	31.02
1997	33520.00	20010.00	62.74	66.02	59.70
1998	14240.00	5060.00	28.39	20.10	35.53
1999	30160.00	16610.00	60.34	62.14	55.07
2000	40540.00	26780.00	74.13	77.92	66.06
2001	38470.00	23700.00	73.68	74.55	61.61
2002	22120.00	13170.00	47.11	48.49	59.54
2003	24850.00	14470.00	45.59	44.50	58.23
2004	17250.00	8480.00	46.48	52.02	49.16
2005	16030.00	8480.00	41.29	42.46	52.90
2006	20740.00	13410.00	50.47	54.45	64.66
2007	29390.00	16170.00	59.99	64.53	55.02

续表

年份	受灾面积/千公顷	成灾面积/千公顷	受灾占总受灾/%	成灾占总成灾/%	成灾占受灾比重/%
2008	12140.00	6800.00	30.36	30.52	56.01
2009	29260.00	13200.00	61.98	62.18	45.11
2010	13260.00	8990.00	35.43	48.49	67.80
2011	16300.00	6600.00	50.20	53.05	40.49
2012	9340.00	3510.00	37.42	30.60	37.58
2013	14100.00	5850.00	44.98	40.91	41.49
2014	12270.00	5680.00	49.30	44.79	46.29
2015	10610.00	5860.00	48.74	47.33	55.23

数据来源:《中国统计年鉴》。

附表 14 1981—2015 年中国农作物受冷害影响情况

年份	受灾面积/千公顷	成灾面积/千公顷	受灾占总受灾/%	成灾占总成灾/%	成灾占受灾比重/%
1981	1175.00	629.00	2.95	3.36	53.53
1982	1203.00	510.00	3.63	3.16	42.39
1983	754.00	319.00	2.17	1.97	42.31
1984	509.00	343.00	1.60	2.20	67.39
1985	949.00	341.00	2.14	1.50	35.93
1986	2008.00	571.00	4.26	2.41	28.44
1987	2499.00	969.00	5.94	4.75	38.78
1988	991.00	531.00	1.95	2.17	53.58
1989	1896.00	965.00	4.03	3.95	50.90
1990	2141.00	994.00	5.57	5.58	46.43
1991	1715.00	625.00	3.09	2.25	36.44
1992	3705.00	2058.00	7.22	7.95	55.55
1993	4716.00	2228.00	9.66	9.63	47.24
1994	1918.00	672.00	3.48	2.14	35.04
1995	3578.00	1791.00	7.81	8.04	50.06
1996	2048.00	900.00	4.36	4.24	43.95
1997	2287.00	831.00	4.28	2.74	36.34
1998	8665.00	3103.00	17.28	12.32	35.81
1999	6626.00	2690.00	13.26	10.06	40.60
2000	2795.00	1032.00	5.11	3.00	36.92
2001	2978.00	1777.00	5.70	5.59	59.67
2002	4212.00	2293.00	8.97	8.44	54.44
2003	4483.00	2110.00	8.22	6.49	47.07
2004	3711.00	1665.00	10.00	10.21	44.87
2005	4428.00	1838.00	11.41	9.20	41.51
2006	4913.00	2836.00	11.96	11.51	57.72
2007	4072.00	1509.00	8.31	6.02	37.06

续表

年份	受灾面积/千公顷	成灾面积/千公顷	受灾占总受灾/%	成灾占总成灾/%	成灾占受灾比重/%
2008	14696.00	8719.00	36.75	39.13	59.33
2009	3673.00	1446.00	7.78	6.81	39.37
2010	4121.00	1444.00	11.01	7.79	35.04
2011	4447.00	1291.00	13.70	10.38	29.03
2012	1618.00	795.00	6.48	6.93	49.13
2013	2320.00	885.00	7.40	6.19	38.15
2014	2133.00	933.00	8.57	7.36	43.74
2015	900.00	474.00	4.13	3.83	52.67

数据来源:《中国统计年鉴》。

后　记

　　农业技术进步不仅是农业增长的持久动力,而且是国民经济发展的关键保障。新中国成立70余年来,我国农业生产取得了举世瞩目的成就。在确保粮食安全的前提下,农业技术进步是推动农业生产力水平大幅度提升的最主要原因,更快的农业技术进步意味着对土地、劳动力等投入要素更少的需求,直接影响我国可被用于制造业和服务业生产经营的投入要素数量,进而影响我国整体经济的转型、升级和发展。现阶段,由于气候变化所引发的气象灾害发生的频率和强度明显增加,我国农业生产正承担着更大的冲击风险和不确定性,这对优化耕作系统以提高对气象灾害的适应能力提出了更高的要求。同样地,在百年未有之大变局的激荡中,为高质量实现农业现代化,农业发展比过去任何时候都更加需要农业技术进步和生产率提升。因此,有必要基于农业技术进步与生产率的研究框架,从理论和实证层面探讨气象灾害对农业生产的冲击与适应情况,以期为我国加快农业新质生产力发展、为农业强国注入新动能提供学术与政策参考。

　　本书是在我的博士学位论文基础上进一步完善优化而成的。这本书的出版,首先要感谢我的博士生导师,同时也是本书的合作者龚斌磊教授。导师长期专注于整体经济、农业与资源环境领域的发展与政策等议题的研究,在生产率模型的改进方面更是有着创新性的贡献,这保证了本书在农业生产率核算方法上的先进性,从而更加科学地衡量气象灾害对我国农业生产的影响。除了研究内容上的指导,在我的整个博士求学生涯中,导师更是指引我进入学术殿堂的领路人,是我走在学术道路上最坚韧的力量,激励着我不断突破自己接受新的挑战。

　　感谢我博士论文答辩委员会成员郭红东教授、梁巧教授、陈帅教授、赵连阁教授、盛誉教授以及五位匿名评审专家对本书的建议,特别是陈帅教授在我攻读博士期间从教学到科研各个方面的长期支持,这对本书最终成稿提供了极大的帮助。感谢第21届中国女经济学者研讨会农业经济学平行论坛易红梅教授、刘晓昀教授、马媛媛教授以及Sarah Cook教授给予本书部分章节的建议,通过会议期间热烈的讨论,专家们的真知灼见对本书后续内容的完善有着极大的参考价值。感谢郑功成教授、金松青教授和崔潇濛长聘副教授在灾害经济学、农业生产率测算以及气候变化领域的重要学术成果，这对本书的酝酿和撰写起到了重要的推动作用。还要感谢我的同门袁菱苒博士在本书成稿过程中提供了大量的学术建议和技术帮助。

感谢浙江大学中国农村发展研究院（卡特）在本书撰写和出版过程中给予的大力支持。在卡特求学的六年中，各位师长的谆谆教导、前辈的倾囊相授、同学和同门之间的学术交流以及院内各类资助保障，让我获益匪浅，卡特始终是我学术道路上最坚定的后方。感谢浙大资源环境与农业发展团队（READ）中各位师长和前辈的指导，在这个人才济济的集体中，我汲取到了大量的学术养分，这为本书的成稿打下了坚实的基础。还要感谢我的工作单位东北大学工商管理学院为本书的顺利出版提供的支持。

特别感谢家人对我无私的爱。感谢父母为我创造的一切，父母于我不仅是生活上的无限支持，更是精神上最大的支柱。感谢你们爱我所爱、想我所想，守护我的自由，在我迷茫时为我指点迷津，在我选择后信任并尊重我的所有决定，这是我勇往直前最大的底气和动力。最后，感谢每一个时刻都没有放弃的自己，造就了今天这个独一无二的我。

本书得到了国家自然科学基金（基金号：72161147001，72173114，71903172，72061147002）、教育部重大专项"构建中国农林经济管理学自主知识体系研究"（2024JZDZ063、2024JZDZ059）、教育部人文社会科学重点研究基地重大项目（22JJD790075）和 CGIAR 全球低碳食物系统重大科学项目（Mitigate＋）的资助，此外还得到了国家资助博士后研究人员计划 C 类（编号：GZC20230390）、中央高校基本科研业务费项目（编号：N2406017）的支持，以及浙江大学中国农村发展研究院和浙江大学出版社的出版支持。

本书的不足之处，恳请读者给予批评指正。

张书睿

2024 年 12 月于辽宁沈阳